Anu Nakum
Parth Lakhani
Yashwantsinh Zala

Melhoria do solo utilizando a técnica de geopolimerização

Anu Nakum
Parth Lakhani
Yashwantsinh Zala

Melhoria do solo utilizando a técnica de geopolimerização

ScienciaScripts

Imprint

Cover image: www.ingimage.com

This book is a translation from the original published under ISBN 978-620-8-41844-1.

Publisher:
Sciencia Scripts
is a trademark of
Dodo Books Indian Ocean Ltd. and OmniScriptum S.R.L publishing group

120 High Road, East Finchley, London, N2 9ED, United Kingdom
Str. Armeneasca 28/1, office 1, Chisinau MD-2012, Republic of Moldova, Europe
Managing Directors: Ieva Konstantinova, Victoria Ursu
info@omniscriptum.com

Printed at: see last page
ISBN: 978-620-8-61734-9

Conteúdo

PREFÁCIO

Este livro, "Melhoria do solo utilizando a técnica de geopolimerização", é o culminar de um esforço académico para explorar soluções sustentáveis e inovadoras para a estabilização do solo, centrando-se especificamente no solo de algodão preto. No panorama da construção contemporânea, a rápida urbanização e o crescimento industrial aumentaram a procura de soluções geotécnicas que sejam não só eficazes, mas também ambientalmente sustentáveis.

A geopolimerização, uma técnica inovadora na estabilização do solo, tem o potencial de resolver as limitações dos métodos tradicionais. Ao utilizar subprodutos industriais e materiais amigos do ambiente, este método assegura uma maior resistência do solo, um impacto ambiental reduzido e uma melhor relação custo-eficácia. Este relatório engloba um estudo abrangente da aplicação da geopolimerização no melhoramento das propriedades geotécnicas de solos problemáticos, realçando a sua viabilidade e benefícios a longo prazo.

Estruturado em oito capítulos detalhados, o livro começa por abordar os fundamentos da mecânica dos solos e das técnicas de estabilização. Em seguida, avança para uma pesquisa bibliográfica pormenorizada, para a definição do problema e para a metodologia. Os capítulos seguintes documentam os procedimentos experimentais, os resultados e a análise, proporcionando uma visão holística do processo de geopolimerização e das suas aplicações práticas.

Este trabalho reflecte os esforços de colaboração de estudantes, investigadores e professores da Universidade de Marwadi. Serve como um guia para estudantes de engenharia civil, profissionais e investigadores que procuram soluções sustentáveis para a estabilização do solo.

Agradecemos sinceramente ao **Prof. Parth Lakhani** pela sua inestimável orientação e mentoria ao longo deste projeto. Agradecemos também ao Departamento de Engenharia Civil e às instalações da Universidade de Marwadi por proporcionarem um ambiente propício à investigação e à inovação. Por último, esperamos que este livro contribua de forma significativa para o crescente discurso sobre práticas de engenharia sustentáveis, inspirando futuras inovações neste domínio.

RESUMO

O rápido crescimento da população, a urbanização acelerada e o aumento da construção de edifícios e outras estruturas resultaram na redução da disponibilidade de terrenos de boa qualidade. As pessoas não têm outra alternativa senão utilizar solos moles e fracos para as actividades de construção. Estes solos possuem uma fraca resistência ao cisalhamento e grandes variações volumétricas com as alterações do teor de água. O solo negro de algodão é um dos principais depósitos de solo da Índia. Apresenta elevada dilatação e retração quando exposto a alterações de humidade e, por conseguinte, tem sido considerado o solo mais difícil do ponto de vista da engenharia, pelo que é importante aumentar a estabilidade do solo de algodão negro. Os solos moles têm sido associados a muitos problemas, especialmente no domínio da engenharia. A investigação e os estudos contínuos são feitos para encontrar outras alternativas na estabilização do solo que sejam amigas do ambiente e económicas. A geopolimerização é um dos campos em desenvolvimento que pode cumprir esses requisitos. A geopolimerização é uma tecnologia sustentável e amiga do ambiente que pode reduzir significativamente o custo da estabilização do solo. Também melhora a durabilidade e o desempenho a longo prazo dos solos estabilizados em comparação com os métodos de estabilização tradicionais. Este estudo tem como objetivo melhorar as propriedades do solo através da adição do produto químico terenoseal na proporção de 1:300 e 1:500.

Capítulo-1

Introdução

1.1 Geral

O solo é a base fundamental de qualquer estrutura de engenharia civil. É necessário que suporte a carga sem qualquer falha. A estabilização do solo é uma parte muito importante do processo de construção, porque alguns dos solos não têm a resistência adequada para suportar a carga que lhes está a ser aplicada e, por isso, muitas vezes levam ao colapso total do edifício. Assim, para trabalhar com solos, precisamos de ter um conhecimento adequado das suas propriedades e dos factores que afectam o seu comportamento. O processo de estabilização do solo ajuda a obter as propriedades requeridas num solo necessário para o trabalho de construção. A estabilização do solo é um termo geral para qualquer método físico, químico, mecânico, biológico ou combinado de alteração de um solo natural para satisfazer um objetivo de engenharia. As melhorias incluem o aumento das capacidades de suporte de peso, da resistência à tração e do desempenho geral de subsolos, areias e materiais residuais in-situ, de modo a reforçar os pavimentos rodoviários.

Desde o início dos trabalhos de construção, surgiu a necessidade de melhorar as propriedades do solo. As civilizações antigas, como os chineses, os romanos e os incas, utilizaram vários métodos para melhorar a resistência do solo, etc. Alguns destes métodos eram tão eficazes que os seus edifícios e estradas ainda existem.

A era moderna da estabilização do solo começou durante os anos 60 e 70, quando a escassez generalizada de agregados e recursos de combustível forçou os engenheiros a considerar alternativas às técnicas convencionais de substituição de solos pobres em locais de construção por agregados enviados que possuíam caraterísticas de engenharia mais favoráveis.

Mais recentemente, a estabilização do solo voltou a ser uma tendência popular à medida que a procura global de matérias-primas, combustível e infra-estruturas aumentou.

1.2 Solos na indústria da construção

Os solos podem fazer ou desfazer projectos de construção. Os engenheiros e cientistas do solo medem a resistência do solo para ver com que facilidade um solo muda de forma ou se desloca, para ver se suportará o peso das estruturas.

Desde o início dos trabalhos de construção, a necessidade de melhorar as propriedades do solo voltou a ser uma preocupação.

Os engenheiros geotécnicos analisam as propriedades do solo e das rochas que afectam o desempenho de edifícios, barragens, pavimentos e instalações subterrâneas que suportam instalações construídas acima do solo e obras públicas. Os engenheiros geotécnicos avaliam o potencial de assentamento de edifícios, a

a estabilidade de taludes e aterros, o efeito de sismos e a infiltração de águas subterrâneas. Os engenheiros geotécnicos analisam, projectam e constroem sistemas de terra, tais como barragens, fundações de edifícios altos e túneis rodoviários e ferroviários. Estes engenheiros também analisam os solos utilizados na contenção de resíduos perigosos e em plataformas petrolíferas off-shore. Muitas vezes, os engenheiros geotécnicos estão envolvidos em toda a fase de construção de instalações ou de projectos de obras públicas, desde as investigações no terreno, passando pela conceção assistida por computador, até às operações de construção.

1.3 Tipos de solo

O solo é um recurso natural que pode ser classificado em diferentes tipos de solo, cada um com caraterísticas distintas que proporcionam benefícios e limitações ao cultivo. O solo é formado por diferentes partículas, como cascalho, rocha, areia, silte, argila, barro e húmus.

Tipos:

1. Solo arenoso
2. Solo siltoso
3. Solo argiloso
4. Solo argiloso
5. Solo de turfa
6. Solo de giz

1) Solo arenoso:

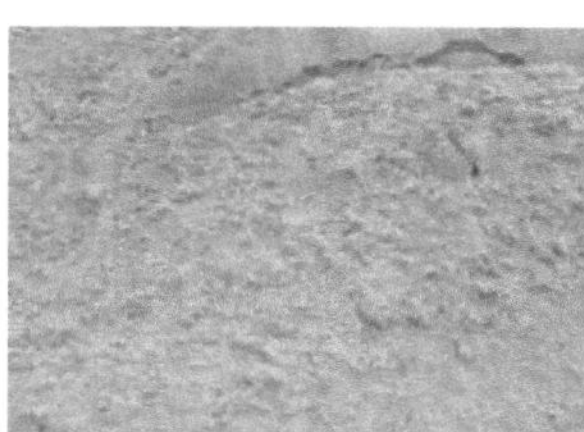

Figura: 1 Solo arenoso

Fonte: https://www.orlandoexcavating.com/fill-dirt/

São constituídos por pequenas partículas de rocha alterada. Os solos arenosos são um dos tipos de solo mais pobres para o cultivo de plantas, porque têm muito poucos nutrientes e uma fraca capacidade de retenção de água, o que dificulta a absorção de água pelas raízes das plantas.

Este tipo de solo é muito bom para o sistema de drenagem. O solo arenoso é normalmente formado pela ou fragmentação de rochas como o granito, o calcário e o quartzo.

2) Solo siltoso:

Figura: 2 Solo siltoso

Fonte: https://www.boughton.co.uk/products/topsoils/soil-types/

O lodo, conhecido por ter partículas muito mais pequenas do que o solo arenoso, é constituído por rochas e outras partículas minerais, que são mais pequenas do que a areia e maiores do que a argila. É a qualidade suave e fina do solo que retém melhor a água do que a areia. O lodo é facilmente transportado por correntes em movimento e encontra-se principalmente perto de rios, lagos e outras massas de água.

O solo siltoso é mais fértil do que os outros três tipos de solo. Por conseguinte, é também utilizado em práticas agrícolas para melhorar a fertilidade do solo.

3) Solo argiloso:

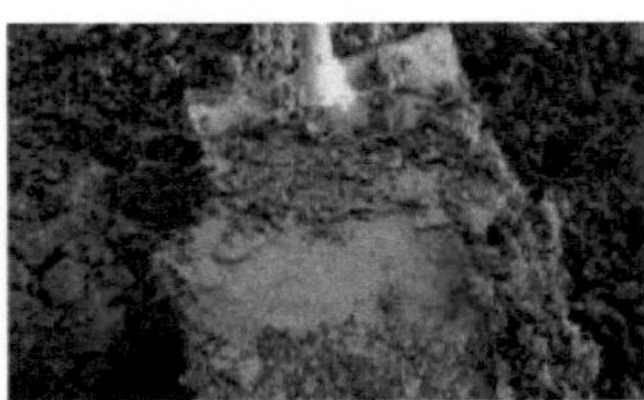

Figura: 3 Solo argiloso

Fonte: https://www.wormfarmingsecrets.com/general-worm-composting/improving-clay-soil-composting-worms/

A argila é a partícula mais pequena entre os outros dois tipos de solo. As partículas deste solo estão bem compactadas umas com as outras, com muito pouco ou nenhum espaço de ar.

Este solo tem muito boas qualidades de armazenamento de água e dificulta a penetração da humidade e do ar. É muito pegajoso ao toque quando está húmido, mas é suave quando está seco. A argila é o tipo de solo mais denso e pesado que não drena bem nem dá espaço para as raízes das plantas florescerem.

4) Solo argiloso:

Figura: 4 Solo argiloso

Fonte: https://www.worldatlas.eom/r/w728-h425-c728x425/upload/33/45/4c/sandy-loam-soil.jpg

A argila é o quarto tipo de solo. É uma combinação de areia, silte e argila, de modo a incluir as propriedades benéficas de cada um. Por exemplo, tem a capacidade de reter a humidade e os nutrientes; por isso, é mais adequado para a agricultura. Este solo é também referido como um solo agrícola, uma vez que inclui um equilíbrio dos três tipos de materiais do solo: areia, argila e silte, e também tem húmus. Para além disso, tem também níveis mais elevados de cálcio e de pH devido à sua origem inorgânica.

5) Solo de turfa:

Figura: 5 Solo de turfa

Fonte: https://www.boughton.co.uk/products/topsoils/soil-types/

O solo de turfa é rico em matéria orgânica e retém uma grande quantidade de humidade.

Este tipo de solo é muito raramente encontrado num jardim e é muitas vezes importado para um jardim para

proporcionar uma base de solo óptima para a plantação.

6) Terra de giz:

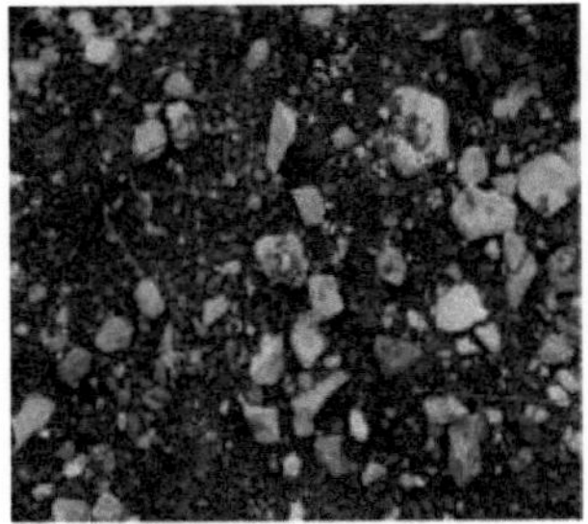

Figura: 6 Solo de giz

Fonte: https://www.boughton.co.uk/products/topsoils/soil-types/

O solo de giz pode ser leve ou pesado, mas é sempre altamente alcalino devido ao carbonato de cálcio ou cal presente na sua estrutura.

Como estes solos são alcalinos, não suportam o crescimento de plantas ericáceas que necessitam de solos ácidos para crescer.

1.4 Diferentes tipos de solo na Índia

A primeira classificação científica dos solos foi efectuada por Vasily Dokuchaev. Na Índia, o Conselho Indiano de Investigação Agrícola (ICAR) classificou os solos em 8 categorias. O solo aluvial, o solo negro de algodão, o solo vermelho, o solo laterítico, o solo montanhoso ou florestal, o solo árido ou desértico, o solo salino e alcalino, o solo turfoso e o solo pantanoso são as categorias de solo indiano.

Tipos de solo na Índia:

1. Solos aluviais
2. Terra vermelha
3. Solo preto ou Regur
4. Solo do deserto
5. Solo laterítico
6. Solo de montanha
7. Terra vermelha e preta
8. Solos turfosos e pantanosos
9. Solos salinos e alcalinos

1) Solos aluviais:

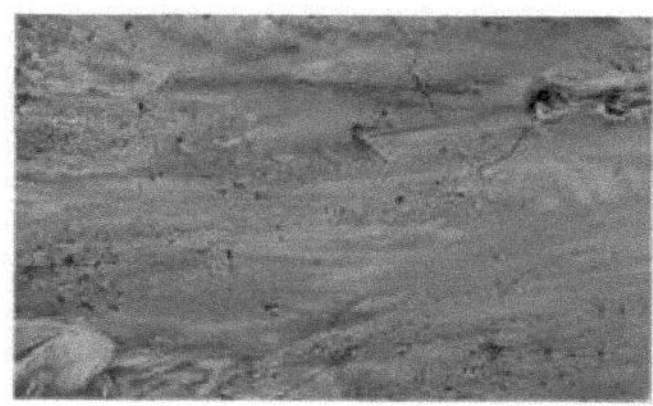

Figura: 7 Solo aluvial

Fonte: https://www.shutterstock.com/search/alluvial+soil

O solo aluvial ocorre principalmente nas planícies de Satluj-Ganga-Brahmaputra. Encontram-se também nos vales dos rios Narmada, Tapi e nas planícies costeiras orientais e ocidentais. Estes solos provêm principalmente dos detritos castanhos dos Himalaias. Este solo é bem drenado e mal drenado com um perfil imaturo em áreas onduladas. Este solo tem deficiência de potássio. A cor do solo varia de cinzento claro a cinza. Este solo é adequado para o arroz, o milho, o trigo, a cana-de-açúcar, as oleaginosas, etc.

2) Terra vermelha:

Figura: 8 Solo vermelho

Fonte: https://byjus.com/free-ias-prep/classification-of-soil-in-india/

Este solo, desenvolvido sobre granito arqueano, ocupa a segunda maior área do país. Encontram-se principalmente na Península, desde Tamil Nadu, no sul, até Bundelkhand, no norte, e Raj Mahal, no leste, até Kathiawad, no oeste. Este solo é também conhecido como o grupo omnibus. A presença de óxidos férricos torna a cor do solo vermelha. A camada superior do solo é vermelha e o horizonte inferior é amarelado. Geralmente, estes solos são deficientes em fosfato, cal, magnésia, húmus e azoto. Este solo é bom para o cultivo de trigo, algodão, leguminosas, tabaco, painço, pomares, batata e sementes oleaginosas.

3) Solo preto ou Regur

Figura: 9 Solo preto e Regur

Fonte: https://byjus.com/free-ias-prep/classification-of-soil-in-india/

O solo negro é também conhecido como solo de algodão e internacionalmente é conhecido como "Tropical Chernozems". Este é o terceiro maior grupo na Índia. Este solo é formado por rochas de lava cretácea. Estende-se por partes de Gujarat, Maharashtra, partes ocidentais de Madhya Pradesh, Noroeste de Andhra Pradesh, Karnataka, Tamil Nadu, Rajasthan, partes de Gujarat, Maharashtra, partes ocidentais de Madhya Pradesh, Noroeste de Andhra Pradesh, Karnataka, Tamil Nadu, Rajasthan,

Chhattisgarh, Jharkhand até às colinas de Raj Mahal. O solo é rico em ferro, cal, cálcio, potássio, magnésio e alumínio. Tem uma elevada capacidade de retenção de água e é bom para o cultivo de algodão, tabaco, citrinos, rícino e linhaça.

4) Solo do deserto

Figura: 10 Solo do deserto

Fonte: https://byjus.com/free-ias-prep/classification-of-soil-in-india/

Este solo é depositado pela ação do vento e encontra-se principalmente nas zonas áridas e semi-áridas, como o Rajastão, o oeste dos Aravallis, o norte de Gujarat, Saurashtra, Kachchh, partes ocidentais de Haryana e a parte sul do Punjab. São arenosos com pouca matéria orgânica. Têm poucos sais solúveis e humidade com uma capacidade de retenção muito baixa. Se forem irrigados, estes solos proporcionam um elevado rendimento agrícola. São adequados para culturas menos intensivas em água, como Bajra, leguminosas, forragens e guar.

5) Solo laterítico

Figura: 11 Solo laterítico

Fonte: https://byjus.com/free-ias-prep/classification-of-soil-in-india/

São macios quando estão húmidos e "duros e argilosos" quando secam. Encontram-se principalmente nas colinas dos Ghats Ocidentais, nas colinas de Raj Mahal, nos Ghats Orientais, em Satpura, em Vindhya, em Odisha, em Chhattisgarh, em Jharkhand, em Bengala Ocidental, nas colinas de Cachar do Norte e nas colinas de Garo. Estes solos são pobres em matéria orgânica, azoto, potássio, cal e potássio. Estes solos ricos em ferro e alumínio são adequados para o cultivo de arroz, ragi, cana-de-açúcar e castanha de caju.

6) Solo de montanha

Figura: 12 Solo de montanha

Fonte: https://byjus.com/free-ias-prep/classification-of-soil-in-india/

Estes solos têm um perfil menos desenvolvido e encontram-se principalmente nos vales e nas encostas dos Himalaias. Estes solos são imaturos e castanhos escuros. Este solo tem muito pouco húmus e é ácido. Os pomares, as forragens e as leguminosas são cultivados nestes solos.

7) Terra vermelha e preta

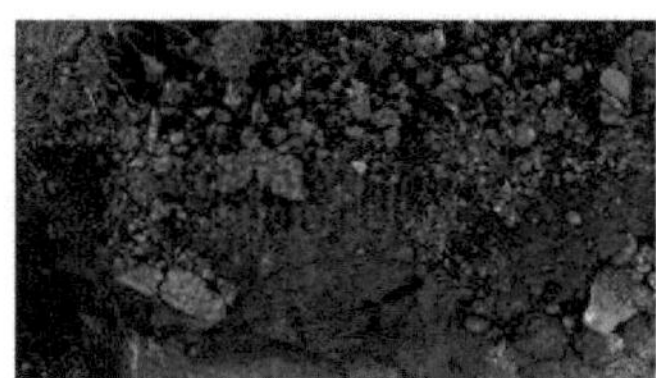

Figura:13 Solo vermelho e preto

Fonte:https://www.bigstockphoto.com/image-228884287/stock-photo-red-soil-and-black-soil-soil-background- argila-terra-terra-solo-terra-fundo-grunge-solo-grunge-terra

Desenvolvem-se sobre o granito, o gnaisse e o quartzito da era pré-cambriana e arqueana. Este solo tem um bom desempenho se for irrigado. Em geral, este solo tem uma produtividade muito baixa.

8) Solos turfosos e pantanosos

Figura:14 Solo turfoso

Fonte: https://www.bigstockphoto.com/image-228884287/stock-photo-red-soil-and-black-soil-soil-background- argila-terra-terra-solo-terra-fundo-grunge-solo-grunge-terra

Figura:15 Solo pantanoso

Fonte: https://www.alamy.com/stock-photo/marshy-soil.html

Este solo é originário de zonas onde não é possível uma drenagem adequada. É rico em matéria orgânica e tem uma salinidade elevada. São deficientes em potássio e fosfato. Encontram-se principalmente no delta de Sunderbans, nos distritos de Kottayam e Alappuzha de Kerala, no Rann de Kachchh, nos deltas de Mahanadi, etc.

9) Solos salinos e alcalinos

Figura:16 Solo salino e alcalino

Fonte: http://studyag.blogspot.com/2016/04/saline-and-alkaline-soil-cst-note.html

São também designadas por Reh, Usar, Kallar, Rakar, Thur e Chopan. Encontram-se principalmente em Rajasthan, Haryana, Punjab, Uttar Pradesh, Bihar e Maharashtra. O cloreto de sódio e o sulfato de sódio estão presentes neste solo. É adequado para culturas de leguminosas.

1.5 Diferentes tipos de solo em Gujarat

- Solo preto
- Solos negros rasos
- Terra preta média
- Solos negros profundos
- Mistura de solos vermelhos e negros
- Solo laterítico
- Solos aluviais arenosos a franco-arenosos
- Franco-arenoso aluvial a franco-argilo-arenoso
- Solos aluviais costeiros
- Solos de colinas
- Solos do deserto

1.6 Solo problemático

1.6.1 Contaminação química

- Ácido
- Salina
- Solo sódico
- Alcalino

1.6.2 Contaminação física

- Solos totalmente cobertos de arroz
- Solos arenosos
- Panela dura
- Solos argilosos
- Solo com crostas na superfície
- **Solo expansivo (inchado)**
- Solo rebatível
- Solo sensível ao choque
- Solos sensíveis à geada

1.6.3 Razões para a existência de solos problemáticos

As razões para os solos problemáticos dependem dos tipos de solos problemáticos. Os solos contaminados fisicamente devem-se principalmente a um teor muito elevado de argila.

O solo expansivo é devido à sua natureza e comportamento problemático

1.7 Estabilização do solo

A estabilização do solo é definida como tratamentos químicos ou físicos que aumentam ou mantêm a estabilidade de um solo ou melhoram as suas propriedades de engenharia.

As melhorias incluem o aumento das capacidades de suporte de peso, da resistência à tração e do desempenho global dos subsolos, areias e resíduos in situ, a fim de reforçar os pavimentos rodoviários.

Por estabilização do solo entende-se a melhoria da estabilidade ou da capacidade de suporte do solo através da utilização de uma compactação controlada, da dosagem e/ou da adição de aditivos ou estabilizadores adequados.

1.8 Necessidade de estabilização do solo

- A estabilização do solo é a alteração física e química dos solos, com uma boa relação custo-eficácia e a longo prazo, para melhorar as suas propriedades físicas.
- Pode melhorar as resistências ao cisalhamento e à compressão não confinada e reduzir permanentemente a permeabilidade do solo à água.
- A estabilização do solo ajuda a aumentar a resistência do solo existente para melhorar a sua capacidade de suporte de carga e permite aumentar e distribuir uniformemente o suporte da estrutura.
- A estabilização do solo ajuda a melhorar a capacidade de suporte da fundação e a sua resistência, a água
estanquicidade, resistência à lavagem.

1.9 Métodos de tratamento

Existem 3 métodos principais para a estabilização do solo:

1. Estabilização mecânica

Esta categoria consiste em processos físicos, como a compactação ou compactação com máquinas, incluindo rolos ou compactadores. A estabilização mecânica do solo também é conseguida através da mistura (adição ou remoção) de diferentes partículas de solo, de modo a obter uma distribuição eficaz das partículas de solo. Estas técnicas são normalmente utilizadas para as camadas de sub-base e de base.

2. Estabilização química

Como o nome sugere, a estabilização dos solos depende da reação química entre o produto químico/estabilizador utilizado e a composição das partículas do solo. Estes incluem o cimento, a cal, o cloreto de magnésio, a emulsão betuminosa e as cinzas volantes, entre outros.

Os tipos de técnicas de estabilização do solo tradicionalmente e amplamente praticados incluem:

i. Emulsão betuminosa

> A emulsão betuminosa é utilizada como agente aglutinante tanto em solos coesivos como não coesivos.

> Em solos com granulometrias mais finas, este método pode deixar de ser rentável, uma vez que as partículas de solo requerem uma dosagem elevada de emulsão betuminosa para proporcionar o mesmo/melhor nível de ligação.

> A emulsão betuminosa não é amiga do ambiente e torna-se quebradiça quando seca, o que afecta a estabilidade do solo.

ii. Cimento/cal

> O cimento/cal é amplamente utilizado como um agente estabilizador do solo. A adição de cimento ao solo melhora a resistência do solo. É utilizado na sub-base e nas camadas de base de todos os tipos de pavimentos.

> Devido aos consequentes ciclos de humidade e secura, ocorre uma degradação da ligação entre o cimento e as partículas do solo. Além disso, trata-se de um processo muito dispendioso em termos de viabilidade financeira.

> A estabilização com cal melhora a resistência do solo ao aumentar a ligação entre a cal e as partículas do solo. Este método é económico em comparação com a estabilização com cimento.

iii. Para além dos agentes estabilizadores acima mencionados, algumas outras alternativas atualmente em prática incluem cinzas volantes, pó de forno de cimento (CKD), resina de árvore e estabilizadores iónicos.

3. Estabilização de polímeros

> A estabilização de solos com polímeros refere-se à adição de polímeros para melhorar as propriedades físicas e de engenharia dos solos (Polymer Soil Stabilization, 2019).

> Os polímeros tendem a aumentar a resistência do solo através da sua interação com as partículas argilosas presentes no solo. Muitos polímeros atualmente utilizados tendem a aumentar a capacidade de retenção de água e a resistência ao cisalhamento do solo.

> Os polímeros utilizados para a estabilização do solo podem ser classificados em duas categorias principais: biopolímeros e polímeros sintéticos. Os biopolímeros são amigos do ambiente em comparação com outros estabilizadores químicos do solo.

1.10 Geopolimerização

1.10.1 Definição

A geopolimerização é o processo de criação de cadeias de polímeros inorgânicos utilizando materiais geológicos naturais, resíduos ou subprodutos industriais como precursores e activadores alcalinos.

1.10.2 Vantagens

A geopolimerização é um processo ecológico e económico com elevada estabilidade e durabilidade que pode melhorar a capacidade de carga dos solos e reduzir as suas caraterísticas de expansão, retração e erosão.

1.10.3 Aplicação

Os geopolímeros podem ser misturados com terra preta de algodão para criar uma camada de sub-base estável e estruturalmente forte para a construção de edifícios.

1.10.4 Porquê utilizar a geopolimerização?

A geopolimerização é uma **tecnologia sustentável e amiga do ambiente** que pode **reduzir** significativamente **o custo da estabilização do solo**. Também melhora a durabilidade e **o desempenho a longo prazo dos solos estabilizados em comparação com os métodos de estabilização tradicionais.**

1.10.5 Benefícios da utilização da geopolimerização para a estabilização do solo

1) **Rentável**

A geopolimerização é um método económico de criar materiais cimentícios utilizando subprodutos ou resíduos industriais.

2) **Amigo do ambiente**

A geopolimerização reduz a pegada de carbono em comparação com os métodos tradicionais de estabilização com cimento.

3) **Durabilidade**

Os geopolímeros não enfraquecem com o tempo e melhoram as caraterísticas do solo, como a resistência à compressão, a porosidade e a retenção de água.

4) **Alta resistência**

Os geopolímeros podem ser concebidos para desenvolver uma elevada resistência e um ganho de resistência precoce, o que os torna ideais para locais de construção.

1.10.6 Comparação com outras técnicas de estabilização de solos

Estabilização com cimento

A estabilização com cimento é um método comum de estabilização do solo. No entanto, não é amigo do ambiente e a sua durabilidade a longo prazo é questionável.

Estabilização com cal

A estabilização com cal é outro método popular. Produz um solo durável que é amigo do ambiente. No entanto, não é eficaz em solo de algodão preto e requer um longo período de cura.

Estabilização do betume

A estabilização do betume é uma opção viável mas dispendiosa. Requer também equipamento especializado e mão de obra qualificada.

1.10.7 Desafios e limitações

Factores que afectam a reação de geopolimerização no solo

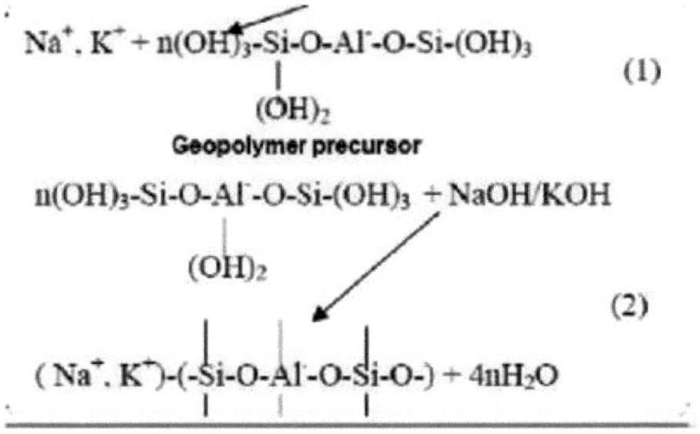

$$Na^{+}, K^{+} + n(OH)_3\text{-Si-O-Al}^{-}\text{-O-Si-}(OH)_3 \quad (1)$$

(com $(OH)_2$ ligado ao Al)

Geopolymer precursor

$$n(OH)_3\text{-Si-O-Al}^{-}\text{-O-Si-}(OH)_3 + NaOH/KOH \quad (2)$$

(com $(OH)_2$ ligado ao Al)

$$\rightarrow (Na^{+}, K^{+})\text{-(-Si-O-Al}^{-}\text{-O-Si-O-)} + 4nH_2O$$

Fig. 17

Fig. 17

O sucesso da geopolimerização na estabilização do solo é afetado por vários factores, incluindo o tipo e a quantidade de ativador, a temperatura de cura, o tempo de cura e a presença de contaminantes.

Considerações sobre custos e ambiente

Fig. 18

Embora a geopolimerização seja uma opção atractiva, o custo pode ser mais elevado em comparação com os métodos tradicionais, dependendo da disponibilidade do material. As considerações ambientais também devem ser ponderadas no que respeita à eliminação de resíduos e às emissões.

Problemas potenciais com a durabilidade a longo prazo

Fig. 19

A durabilidade a longo prazo do solo estabilizado com geopolímero ainda está a ser estudada. Vários factores, como as condições específicas do local e as cargas externas, podem afetar o desempenho do solo estabilizado a longo prazo.

Inquérito literário

2.1 Pesquisa bibliográfica

1. Othman, Shams, e Jasim M. Abbas. "Estabilização de solo de argila macia usando geopolímero à base de metacaulim." Revista Diyala de Ciências da Engenharia (2021): 131-140.

O objetivo do artigo é investigar a influência da utilização de geopolímeros à base de MK na engenharia geotécnica e melhorar as propriedades do solo. O MK é considerado um material amigo do ambiente e económico em comparação com outros materiais. Foram utilizadas diferentes percentagens de geopolímero à base de metacaulino, que são 8, 10, 12 e 14%.

O UCS do solo macio aumentou com a adição de MK, especialmente com uma percentagem de 10 % MK e 12 % MK. Os valores de UCS são de cerca de 9,9 MPa e 9,18 MPa, respetivamente. O geopolímero à base de metacaulino ativado por álcalis pode ser utilizado eficazmente como estabilizador químico para estabilizar solos argilosos moles. O valor máximo de resistência é ilustrado quando se utiliza MK de 10% com um tempo de cura de 14 dias.

2. Wassie, Tadesse A., e Gökhan Demir. "Uma revisão sobre a estabilização de solos moles com geopolimerização de resíduos industriais." Revista Internacional de Engenharia e Manufatura 13.2 (2023): 1.

O principal objetivo desta revisão foi avaliar os diferentes tipos de ligantes, proporções de ligantes, tipos de activadores alcalinos, concentrações de activadores alcalinos e outros parâmetros utilizados na síntese de geopolímeros. A proporção do ligante varia entre 5% e 30% do peso seco do solo. Cinzas volantes, metacaulim, escória granulada de alto-forno moída e outros resíduos industriais foram utilizados para sintetizar geopolímeros.

A proporção de cinzas volantes variou entre 5 e 30% do peso seco do solo, enquanto o NaOH e o Na2SiO3 foram os dois activadores alcalinos mais frequentemente utilizados. Os geopolímeros à base de escória estabilizaram os solos expansivos e os solos argilosos moles. A escória foi utilizada num intervalo de 5 a 30 por cento do peso seco do solo. Os geopolímeros à base de escória melhoraram os valores de resistência à compressão não confinada e ajudaram a aumentar as propriedades de resistência BCS.

3. Ayyappan, A., et al. "Influência de geopolímeros na estabilização de solo argiloso". Revista Internacional de Tecnologias Emergentes em Pesquisa de Engenharia (IJETER) Volume 5 (2017).

O projeto tem como objetivo investigar a eficácia do geopolímero, um novo material ligante amigo do ambiente, na melhoria das caraterísticas de resistência das misturas de argila mole e areia. Neste estudo, o geopolímero à base de metacaulino em diferentes concentrações (2% e 4%) para examinar a viabilidade do geopolímero na estabilização de solos.

Quando o teor de metacaulino aumenta, a resistência à compressão aumenta. Em comparação com o metacaulino a 2% com solo argiloso, a proporção de 4 % de metacaulino é boa. O custo do geopolímero à base de metacaulino é económico. O estudo ilustrou que o geopolímero à base de metacaulino pode ser um estabilizador eficaz para o solo argiloso .

4. Ahmad Malik, "A statistical review of soil stabilization using Geopolymers" (Uma revisão estatística da estabilização do solo utilizando geopolímeros). Diyala Journal of Engineering Sciences Vol (14) No 3, 2021: 131-140

O objetivo do artigo é rever as muitas actividades realizadas para estabilizar o solo utilizando a estratégia de Geopolimerização, uma tentativa é feita por mim para verificar e analisar as propriedades mecânicas e duráveis do trabalho de pesquisa para determinar a composição mais viável e mistura de design. MATERIAIS A SEREM UTILIZADOS: Cinzas volantes, cinzas de casca de arroz, hidróxido de sódio (soda cáustica), silicato de sódio, sílica gel.

A maior parte do período de cura das amostras de solo foi de 7, 14 e 28 dias. Foram efectuados vários ensaios laboratoriais de amostras, tais como CBR, UCS, OMC e a proporção específica de cinzas volantes é indicada quando o valor obtido é elevado. O teor de humidade é mais elevado para a mistura projectada utilizando 15-20 (%) de cinzas volantes e 2-3 (%) de cal, com um período de cura de 7, 14 e 28 dias. Quanto menor for a duração da cura, menor será a densidade seca e a resistência obtida.

5. Tesanasin, Teerat, et al. "Propriedades de engenharia do solo laterítico marginal estabilizado com uma parte de geopolímero de cinzas volantes com elevado teor de cálcio como materiais de pavimentação." Estudos de caso em materiais de construção 17 (2022): e01328.

Este estudo investigou as propriedades de engenharia e microestrutura do solo laterítico marginal (MLS) estabilizado com uma parte de geopolímero de cinzas volantes com elevado teor de cálcio. A cinza volante com elevado teor de cálcio (FA), um subproduto de uma central eléctrica na Tailândia, foi utilizada como material de partida e o hidróxido de sódio sólido (NH) em forma de flocos foi utilizado como ativador alcalino.

O geopolímero monocomponente com alto teor de cálcio (OP-G) para estabilizar a MLS pode melhorar significativamente as propriedades de engenharia. As amostras com 20% de teor de NH produziram o máximo de UCS de 7 dias de 1930 kPa e 2800 kPa sob condições encharcadas e não encharcadas, respetivamente, correspondendo ao ITS máximo de 7 dias de 270 kPa e 400 kPa.

6. Al-Rkaby, Alaa HJ, et al. "Caracterização geotécnica do solo melhorado com geopolímero sustentável". Jornal do Comportamento Mecânico dos Materiais 31.1 (2022): 484-491.

Este artigo destaca o Geopolímero (GP) produzido a partir de cinzas volantes de classe C com elevado teor de cálcio (CFA) e um ativador alcalino composto por hidróxido de sódio e solução de silicato de sódio para estabilização de areias. A CFA foi misturada como substituição parcial (em peso) com solo seco durante 5 minutos em proporções de 10, 15 e 20% (ou seja, para estabilizar 100 g de solo seco com CFA 10%, 10 g de CFA seca são misturados com 90 g de solo). A solução alcalina é misturada em várias proporções (AC/FA 0,4, 0,6).

As amostras tratadas mostraram um UCS mais elevado de GP do que as amostras de cimento processadas, o que pode ser o resultado da combinação das reacções geopoliméricas e pozolânicas da amostra de GP. As resistências à flexão e à tração do solo tratado com GP situaram-se entre 0,5-2,0 MPa e 0,4-1,2 MPa, respetivamente. Estas resistências foram ainda mais elevadas do que as do solo estabilizado com OPC.

7. Abdila, Syafiadi Rizki, et al. "Potencial de estabilização do solo utilizando escória granulada de alto-forno (GGBFS) e cinzas volantes através do método de geopolimerização: A Review". Materiais 15.1 (2022): 375.

O artigo tem como objetivo analisar a utilização de geopolímeros à base de cinzas volantes e de escória granulada de alto-forno (GGBFS) para a estabilização de solos, aumentando a sua resistência. Esta investigação atual centrou-se na combinação de dois tipos de precursores, que são as cinzas volantes e a GGBFS.

Finalmente, o artigo conclui que o GGBFS e os geopolímeros à base de cinzas volantes para técnicas de estabilização do solo podem ser utilizados com sucesso como aglutinante para a estabilização do solo.

8. Sagathiya, Akruti, Bindiya Patel e Yashwantsinh Zala. "Estudo experimental sobre geopolímero à base de poeira de forno de cimento como estabilizador de solo de subleito." Jornal Internacional de Pesquisa em Engenharia, Ciência e Gestão 3.7 (2020): 158-163.

O presente trabalho de investigação mostra os resultados do trabalho experimental efectuado para melhorar as propriedades de engenharia do BCS utilizando poeiras de forno de cimento (CKD) e poeiras de forno de cimento
à base de geopolímero.

Foram utilizadas seis percentagens diferentes de CKD em relação ao peso dos sólidos totais (solo + CKD): 5%, 10%, 15%, 20%, 25% e 30%. As três percentagens diferentes de poeiras de forno de cimento
(10%, 20% e 30%) são activadas com uma mistura de silicato de sódio e soluções de hidróxido de sódio com concentrações de 4, 7, 10 e 13 molares. O rácio entre o silicato de sódio e a solução de hidróxido de sódio por massa seca é mantido constante como 2:1.

O aumento do MDD do solo modificado com 20% de substituição de CKD foi de 10,96%. O aumento do valor do CBR não embebido com 20% de substituição de CKD foi de 135,62%. O valor mais elevado de CBR não embebido e embebido do solo modificado com CKD foi alcançado com 20% de substituição de CKD do solo, porque a sua densidade seca máxima foi a mais elevada de todas. O valor máximo de CBR embebido da amostra tratada com geopolímero foi de 54,50%, que foi obtido com 20% de CKD e solução alcalina 7 molar.

1. Parikshith, M. V., e Darshan C. Sekhar. "Viabilidade do geopolímero à base de flyash para estabilização do solo". Int. J. Innov. Technol. Explor. Eng 9 (2019): 4348-4351.

O estudo tem como objetivo melhorar as propriedades do solo através da adição de materiais residuais como o flyash e os geopolímeros como agentes estabilizadores. A concentração da solução de hidróxido de sódio (NaoH) utilizada é de 10M. Foi utilizado 15% de cinzas volantes. Com base nos resultados da UCS, o rácio de solução alcalina para o rácio de sólidos foi fixado em 0,2.

Observou-se que os blocos de solo apresentam uma diminuição de 13% na resistência do que as amostras de teste UCS preparadas a partir da mesma proporção. Observou-se que os blocos de solo estabilizado apresentam uma diminuição de 13% na resistência do que as amostras de teste UCS preparadas a partir da mesma proporção.

2. Zhang, Mo, et al. "Estudo de viabilidade experimental do geopolímero como estabilizador de solo da próxima geração." Materiais de construção e edificação 47 (2013): 1468-1478.

Neste estudo, uma argila magra foi estabilizada com geopolímero à base de metacaulino em diferentes concentrações (variando de 3 a 15 wt.% de solo não estabilizado no seu teor ótimo de água) para examinar a viabilidade do geopolímero na estabilização de solos. O metacaulino ativado por álcali (MK) foi selecionado para tratar uma argila magra, geopolímeros à base de metacaulino (MKG).

Este estudo demonstrou que o geopolímero à base de metacaulino pode ser um estabilizador eficaz para solos argilosos. A resistência à compressão dos solos estabilizados com MKG aumentou com a concentração de MKG. As deformações de retração do solo estabilizado com MKG foram muito inferiores às do solo não estabilizado

3. Vu, Minh Chien, et al. "Estudo sobre a melhoria de solos fracos através da utilização de geopolímero e fragmentos de papel". Jornal Internacional da Sociedade de Engenharia de Materiais para Recursos 23.2 (2018): 203-208.

Este artigo apresenta os pormenores do estudo efectuado sobre as caraterísticas das lamas melhoradas pelo método do solo estabilizado com fibras e geopolímeros. A composição do lodo de imitação foi de 60% de silte, 40% de argila e 70% de teor de água. Foram preparados hidróxido de sódio (NaOH) 12 Molar e solução de silicato de sódio (Na2SiO3).

O aumento da quantidade de aditivo de resíduos de papel está a aumentar a resistência à rotura e a tensão de rotura das lamas modificadas. O tempo de cura é um dos factores mais importantes que influenciam a durabilidade das lamas modificadas. Os resultados mostram que a quantidade de fragmentos de papel para melhorar as lamas fracas pode ser reduzida se o tempo de cura for aumentado.

12. Selvaraj, Dhanaiyendran, "INVESTIGAÇÃO LABORATORIAL DA ESTABILIZAÇÃO DO SOLO UTILIZANDO TERRASIL COM CIMENTO". Revista Internacional de Pesquisa de Tendências em Engenharia e Tecnologia (IJTRET), 2018.

Os solos de algodão preto são muito duros quando secos, mas perdem completamente a sua força quando estão húmidos. Os solos problemáticos são removidos e substituídos por material de boa e melhor qualidade ou tratados com aditivos. A estabilização dos solos problemáticos é muito importante para muitas das aplicações de engenharia geotécnica, tais como estruturas de pavimento, estradas, fundações de edifícios, revestimentos de canais e reservatórios, sistemas de irrigação, linhas de água e linhas de esgoto para evitar danos devido ao assentamento de solos moles ou à ação de dilatação do solo expansivo.

Os valores do CBR foram aumentados com a adição de estabilizadores ao solo. Os valores de CBR de 0,8 % e 1 % aumentaram, enquanto os de 1,2 % diminuíram. 2. 1. Foi observado que a densidade seca máxima do solo de algodão preto aumenta com o aumento do teor de Terrasil. A densidade seca máxima do solo de algodão preto foi de 1,76 g/cc. Com a adição de Terrasil, o valor de MDD começa a aumentar. 3. Foi observado que o teor de humidade ótimo do solo original era de 16,2%. Com a adição de Terrasil, o valor de OMC começa a diminuir. 4. Foi observado que a resistência à compressão do solo de algodão preto aumenta com o aumento da percentagem de Terrasil no solo de origem. A dosagem 2 (1%) dá o valor máximo de
força de suporte.

13. M. Anand. "Estudo e investigação sobre a estabilização do solo usando diferentes Polímeros". REVISTA DE REVISÕES CRÍTICAS, ISSN- 2394-5125 VOL 7, EDIÇÃO 08, 2020.

No presente estudo, dois solos difíceis; solo expansivo e solo dispersivo são estabilizados com geopolímero e biopolímero. Os activadores alcalinos à base de sódio e as cinzas volantes como aditivo são utilizados como geopolímero e a goma xantana e a goma guar são utilizadas como biopolímeros.

O valor máximo de UCS foi obtido com 40% de cinzas volantes e 10% de solução alcalina. O OMC máximo foi obtido para a bentonite adicionada com geopolímero com cinzas volantes (20%) e solução alcalina (10%) e o MDD foi máximo para a bentonite adicionada com cinzas volantes (40%) e solução alcalina (15%). Com o aumento da percentagem de cinzas volantes activadas com álcali, a percentagem de inchamento diminuiu consideravelmente. No entanto, o valor UCS aumentou com a adição de biopolímero.

14. Odeh, Noor Aamer, e Alaa HJ Al-Rkaby. "Caracterização da resistência, durabilidade e microestruturas de solo argiloso melhorado com geopolímero sustentável". Estudos de caso em materiais de construção 16 (2022): e00988.

O objetivo é avaliar as propriedades mecânicas, de durabilidade e microestrutura de um solo argiloso (com diferentes porcentagens de areia) estabilizado com carvão mineral e um ativador alcalino em solução de hidróxido de sódio/silicato de sódio. Materiais: Cinzas volantes da combustão de carvão, activadores alcalinos.

O teor de cinzas volantes aumentou significativamente a resistência à compressão não confinada (UCS) dos solos tratados com geopolímero para todas as proporções de ativador. Para um teor de cinzas volantes de 20% e um rácio de ativador de 0,4, o índice de melhoria da resistência atingiu 6,8, 7, 7,2 e 7,5 para o solo argiloso, solo-1, solo-2 e solo-3, respetivamente. As amostras tratadas com geopolímero (ativador de 0,6) mostraram uma elevada durabilidade contra ambientes ácidos e clorados. Para o baixo teor de flyash FA, a redução no UCS não foi superior a 10% e 38% contra cloreto (NaCl) e ácido (H2SO4), respetivamente.

15. Zhu, Yue, Rui Chen e Hongpeng Lai. "Estabilização de solos moles com geopolímero: Um estudo experimental". CICTP 2020. 2020. 1144-1155.

O estudo apresenta a utilização de geopolímero (GP), um material cimentício com baixo teor de carbono, para a melhoria de solos moles. Os materiais utilizados para a produção de GP são o metacaulino e o cimento. O metacaulino e o cimento foram misturados numa proporção de massa de 4:1. Foram determinados os solos estabilizados com GP nas proporções de mistura de 0, 10, 20 e 30%. Os resultados experimentais mostram que o GP é eficaz no aumento dos limites plástico e líquido, da resistência ao cisalhamento não drenada e do UCS do solo estabilizado, enquanto diminui o seu índice de plasticidade.

16. Abdullah, Hayder H., Mohamed A. Shahin e Megan L. Walske. "Revisão de geopolímeros à base de cinzas volantes para estabilização do solo com referência especial à argila." Geociências 10.7 (2020): 249.

O objetivo é apresentar uma revisão da utilização de geopolímeros à base de cinzas volantes para a estabilização de solos, com especial referência à argila. O artigo fornece alguns conhecimentos químicos e geotécnicos interdisciplinares pormenorizados, que fazem avançar o geopolímero de cinzas volantes como ligante ecológico.

Os geopolímeros à base de cinzas volantes podem ser utilizados com êxito como aglutinantes para a estabilização do solo, substituindo a necessidade de OPC e permitindo a reciclagem de subprodutos industriais, reduzindo, em última análise, a pegada de carbono associada às técnicas químicas tradicionais de estabilização do solo. Quando misturado com o solo, o geopolímero à base de cinzas volantes cria uma ligação artificial, juntamente com a interface ou o contacto entre as partículas do solo, semelhante à do OPC, o que aumenta a integridade e a estabilidade do solo.

17. Abd, Teba A., Mohammed Y. Fattah, e Mohammed F. Aswad. "Melhoria do solo argiloso macio por bio-polímero." Jornal de Engenharia e Tecnologia 39.08 (2021): 1301-1306.

O artigo concentra-se em examinar a atitude de resistência dos solos argilosos construídos com biopolímero homogéneo. A carboximetilcelulose foi determinada como material biopolimérico para construir o solo argiloso macio normal. O biopolímero foi adicionado ao solo com duas taxas separadas (0,5 e 3%) por peso total do solo.

Quando o teor de biopolímero é aumentado, o CMO aumenta, enquanto o gr. Gr. diminui. Ao aumentar o teor de biopolímero, o L.L e o P.I enquanto o limite plástico diminui. Os testes espelharam adicionalmente uma enorme melhoria no UCS dos solos tratados. incremento no UCS de 42 kN/m2 para não tratado para 106 kN/m2 para 3 % de expansão de polímero.

18. Tajaddini, Arash, et al. "Improvement of mechanical strength of low-plasticity clay soil using geopolymer-based materials synthesized from glass powder and copper slag." Estudos de caso em materiais de construção 18 (2023): e01820.

Foram utilizadas várias molaridades de hidróxido de sódio como ativador alcalino e diferentes combinações de CS-RGP para avaliar o comportamento mecânico e microestrutural do solo argiloso estabilizado de baixa plasticidade. Escória de cobre (CS), pó de vidro reciclado (RGP), concentração fixa de NaOH = 5 Molar.

Os resultados indicaram claramente que a CS influenciou os Limites de Atterberg e os parâmetros de compactação mais do que o RGP. Além disso, observou-se que, ao aplicar 5% de CS com um ativador alcalino fixo, o UCS aos 56 dias de cura e o CBR aos 7 dias de cura aumentaram 3,11 e 1,68 vezes, respetivamente, enquanto estes valores foram 4,03 e 1,90 vezes, respetivamente, ao aplicar 5% de RGP.

19. Zaliha, SZ Sharifah, et al. "Caracterização de solos como potenciais matérias-primas para aplicação na estabilização de solos utilizando o método de geopolimerização." Fórum de Ciência dos Materiais. Vol. 803. Trans Tech Publications Ltd, 2015.

A investigação e os estudos continuam a ser feitos para encontrar outras alternativas na estabilização do solo que sejam amigas do ambiente e económicas. Neste estudo preliminar, três amostras de solo (Solo 1, 2 e 3) foram examinadas para investigar o seu potencial para o método de geopolimerização com base na sua caraterização.

Todas as argilas testadas têm potencial como materiais para a estabilização do solo através da utilização do método de geopolimerização. Isto também foi provado por Davidovits (2011) que afirmou a utilização do rácio de sílica-alumina de 1 para o geopolímero à base de caulinite e o rácio de sílica-alumina variando de 1 a 5 para o geopolímero à base de rocha.

20. Ghadir, Pooria, e Navid Ranjbar. "Estabilização de solo argiloso usando geopolímero e cimento Portland". Construção e Materiais de Construção 188 (2018): 361-371.

Este estudo compara o desempenho mecânico da estabilização de solos argilosos utilizando geopolímero à base de cinzas vulcânicas (VA) e cimento Portland normal (OPC). São determinados os efeitos das condições e do tempo de cura, da molaridade do ativador alcalino/argila e do ativador alcalino, e da relação VA/argila.

A resistência à compressão dos espécimes de solo argiloso não tratado pode ser aumentada de 0,2 para 4 MPa e de 2 para 12 MPa nas condições OC e DC, respetivamente, quando o solo é parcialmente substituído por 15 wt% dos ligantes. Observa-se que o tratamento com geopolímero é mais eficiente em condições secas (DC), enquanto que o cimento Portland é excelente em ambientes húmidos (OC). Além disso, o aumento do teor de ativador alcalino/teor ótimo de água de 1 para 1,4 melhora a resistência à compressão DC até cerca de 70% e 130% ao 1º e 28º dia, respetivamente.

21. Zhang, Mo, et al. "Geopolímero sem cálcio como estabilizador para solos ricos em sulfato". Applied Clay Science 108 (2015): 199-207.

Este estudo tem como objetivo explorar a viabilidade da utilização de geopolímero sem cálcio, que é um material cimentício inorgânico de aluminossilicato, como estabilizador de solos ricos em sulfato. Para este fim, o geopolímero à base de metacaulim (MKG) foi utilizado para estabilizar uma argila magra sintética pré-misturada com 1000, 5000 e 10.000 ppm de gesso (equivalente à concentração de sulfato de 565, 2825 e 5650 ppm, respetivamente). As amostras de argila foram estabilizadas com MKG a 8 e 13 wt.%.

O potencial expansivo das amostras estabilizadas com MKG é muito inferior ao das estabilizadas com cal, com base nos resultados do ensaio de imersão de 7 dias, para as amostras pré-curadas durante 7 dias e 28 dias. As amostras estabilizadas com 13% de MKG apresentaram uma expansão menor do que as estabilizadas com 8% de MKG. Portanto, ao utilizar uma concentração maior de MKG, o potencial expansivo de solos ricos em sulfato pode ser reduzido ainda mais, o que é inviável no caso de estabilizadores à base de cálcio.

22. Wong, Bryan Yien Fu, Kwong Soon Wong e Ignatius Ren Kai Phang. "Uma revisão sobre geopolimerização na estabilização do solo". IOP Conference Series: Ciência e Engenharia de Materiais. Vol. 495. IOP Publishing, 2019.

Esta revisão destaca os esforços anteriores relativos à utilização de cinzas volantes para a produção de geopolímeros como estabilizador de solos inorgânicos e discute o potencial e as possíveis limitações da ativação alcalina de materiais de alumina-silicato (geopolimerização) como substituto do cimento.

O estudo confirmou que é possível obter uma reação melhorada entre o material de origem e a solução se for adicionada uma solução de silicato de sódio à solução de hidróxido de sódio utilizada como líquido alcalino. O solo estabilizado com geopolímero FA-CCR (resíduo de carbina de cálcio) demonstra eficiência do que o solo estabilizado com geopolímero FA devido à coexistência de dois produtos de geopolimerização: Hidrato de Aluminossilicato de Sódio (N-A-S-H) e Hidrato de Silicato de Cálcio (C-S-H).

2.2 Resumo da literatura

A pesquisa bibliográfica concluiu que as proporções óptimas de materiais residuais e geopolímeros na matriz do solo são as seguintes, o que estabiliza o solo de forma eficaz:

- Cinzas volantes (15-20%) com cloreto (NaCl) 0,4% , Pó de forno de cimento (20%) com 7 M de hidróxido de sódio , GGBFS (8 - 20%), Metacaulino (4- 13%), 20-40% de cinzas volantes com 10% de solução alcalina de hidróxido de sódio (NaOH) de 10, 12.5, e 15 molares, GGBFS 20% com hidróxido de sódio (NaOH) 1 M, 20% GGBFS + 30% de cinzas volantes + 5 M de hidróxido de sódio (NaOH), Terenoseal 1:500 - 1:300

Todas as observações finais apresentadas estão de acordo com o resumo combinado de vários artigos da literatura. Embora estes resultados possam variar consoante o tipo de solo, o tipo de resíduos, o tipo de aditivos, a percentagem de resíduos e de geopolímeros, etc.

Capítulo - 3

Declaração do problema

3.1 Problema associado ao solo B. C:

> Devido à sua natureza peculiar, os solos de algodão negro constituem um desafio para os engenheiros em todo o mundo e, mais ainda, em países tropicais como a Índia, devido à grande variação de temperatura e à existência de estações secas e húmidas distintas, o que leva a grandes variações no teor de humidade dos solos. Os seguintes problemas ocorrem geralmente nos solos de algodão preto

> **Alta Compressibilidade:** Os solos de algodão preto são altamente plásticos e compressíveis quando estão saturados. As bases que assentam nestes solos sofrem assentamentos de consolidação de grande magnitude.

> **Inchaço:** Uma estrutura construída numa estação seca, quando o teor natural de água é baixo, apresenta movimentos diferenciais resultantes dos solos durante a estação húmida subsequente. Isto faz com que as estruturas suportadas por esses solos inchados se levantem e rachem. Restrição ao desenvolvimento de pressões de dilatação que tornam a estrutura adequada.

> **Retração:** Uma estrutura construída no final da estação das chuvas, quando o teor natural de água é elevado, apresenta fissuras de assentamento e retração durante a estação seca subsequente.

3.2 Problemas para as estruturas construídas em solos expansivos:

O problema é maior no caso de estruturas ligeiras, que não conseguem contrariar o impulso ascendente dos solos expansivos. Os danos serão visíveis, normalmente, vários anos após a construção. O solo abaixo exerce uma pressão de expansão tanto para cima como para os lados. Como resultado, o subnível da laje da estrada e do pavimento é levantado, provocando fissuras na estrada e no pavimento. A fissuração é normalmente evidente na textura da superfície das estradas e nos cantos das aberturas de janelas e portas.

As fugas que se seguem agravam ainda mais a situação. As estradas que atravessam o subleito de solos expansivos estão sujeitas a assentamentos e retracções destes solos traiçoeiros. Tanto os canais revestidos como os não revestidos estão sujeitos aos caprichos dos solos expansivos. Os taludes dos canais sem revestimento sofrem erosão e tornam-se moles. Os leitos dos canais levantam-se, obstruindo o funcionamento do canal. Os revestimentos de betão estilhaçam-se como cacos de vidro devido ao movimento cíclico deletério da argila de fundo. Isto resulta em perdas por infiltração.

Podem ocorrer vários tipos de danos nos edifícios devido a forças de elevação e assentamento causadas pelos solos expansivos, tais como

- Fissuras diagonais e verticais na direção menor da laje.
- Fissuras verticais nas paredes interiores e exteriores.
- Fissuras horizontais na laje devido à criação de uma ação em consola na laje.
- Descolamento da laje nas paredes exteriores em direção ao exterior.

- Ação de flexão das paredes exteriores para o exterior.
- Separação da proteção do rodapé.
- Aceleração e assentamento nos pavimentos.

O solo de algodão preto não pode danificar a estrutura se não houver alteração do seu teor de humidade. Os danos são causados pelo levantamento ou assentamento devido à alteração do teor de humidade do solo de algodão preto. É a água que cria a pressão de elevação que causa o levantamento e, mais uma vez, é a água que, ao ser retirada do solo, causa o assentamento devido à secagem. Assim, sem água, nem mesmo a terra preta de algodão pode causar danos aos edifícios.

Capítulo - 4

Propriedades do solo e metodologia

4.1 Propriedades do solo:

• Todos os solos contêm partículas minerais, matéria orgânica, água e ar. A combinação destes elementos determina as propriedades do solo - a sua textura, estrutura, porosidade, química e cor.

• Dois tipos de propriedades do solo

1. Propriedades químicas do solo
2. Propriedades físicas do solo

4.1.1 Propriedades químicas do solo

- Matérias inorgânicas do solo
- Matérias orgânicas no solo
- Propriedades coloidais das partículas do solo e
- Reacções do solo e ação tampão
- Solos ácidos
- Solos de base

4.1.2 Propriedades físicas do solo

- Textura do solo: O tamanho relativo das partículas do solo é expresso pelo termo textura, mais especialmente a textura é a proporção relativa de diferentes grupos de tamanho
- Estrutura do solo
- Densidade do solo
- Espaço de poros
- Consistência do solo
- Cor do solo e temperatura do solo

4.2 Propriedades do solo necessárias para uma boa construção

- Solo estável e forte.
- A resistência e a estabilidade do solo dependem das suas propriedades físicas.
- Um solo com uma boa estrutura é mais estável.
- As texturas de argila são frequentemente mais estáveis do que as texturas de areia porque têm uma melhor estrutura.
- Uma mistura de tamanhos de partículas (e tamanhos de poros) é melhor para a engenharia.
- O solo é estável durante os ciclos de humidade e secagem, pelo que a expansão do solo não provoca fissuras nas estradas ou nas fundações.
- Um bom solo deve também ter a capacidade de captar a precipitação, para que o escoamento e a erosão não danifiquem as estruturas.
- Os bons solos para infra-estruturas têm uma química equilibrada, pelo que não ocorre corrosão do

material de construção.

4.2.1 Propriedades de engenharia do solo de BC: As principais propriedades de engenharia do solo são permeabilidade, plasticidade, compactação, compressibilidade e resistência ao cisalhamento.

Permeabilidade: A permeabilidade é definida como a propriedade de um material poroso que permite a passagem ou infiltração de água através dos seus espaços vazios interligados.

Plasticidade: É definida como a propriedade de um solo que permite a sua deformação rápida, sem ressalto elástico, sem alteração de volume.

Compactação: A compactação é um processo pelo qual as partículas do solo se reorganizam artificialmente e se compactam num estado de contacto mais próximo por meios mecânicos, a fim de diminuir a porosidade do solo e, assim, aumentar a sua densidade seca.

Compressibilidade: A propriedade da massa de solo relativa à sua suscetibilidade de diminuir de volume sob pressão é conhecida como compressibilidade.

Resistência ao cisalhamento: É a resistência à deformação por deslocamento contínuo de partículas do solo ou de massas sob a ação de uma tensão de cisalhamento.

4.2.2 Propriedades de índice do solo BC: As propriedades do solo, que não são de interesse primário para a engenharia geotécnica, mas são indicativas das propriedades de engenharia, são chamadas propriedades de índice. Isto inclui -

Análise do tamanho das partículas

Gravidade específica

Limite de Atterberg

- **Limite de líquido**
- **Limite de plástico**
- **Limite de retração**

4.3 Metodologia

4.3.1 Materiais

Terenoseal:

> Terrenoseal é um nano-selante de organosilano 100% reativo.

> Quando aplicado num substrato silicioso, penetra até 2 mm no interior do substrato e torna-se parte integrante da estrutura.

> Converte a natureza do substrato de hidrofílico para hidrofóbico.

> Terrenoseal é diluível em água, seguro, pulverizável e fácil de aplicar.

> Terrenoseal actua como uma "pele" até 2 mm de profundidade para o seu edifício, em comparação com um polímero ou uma tinta
película que actua como um "penso rápido" no seu edifício.

> Os problemas de descolagem são eliminados, uma vez que o Terrenoseal não é destacável e é resistente aos raios UV.

> Tem a dupla propriedade de impedir a entrada de água líquida e de permitir a entrada de vapores de humidade

para escapar.

4.3.2 Preparação da amostra

Capítulo - 5

Necessidade do estudo, Objetivo do estudo, Âmbito do trabalho

5.1 Necessidade de estudo

- Avaliar os efeitos dos geopolímeros no solo de algodão preto.
- A estabilização do solo ajuda a aumentar a resistência do solo existente para melhorar a sua capacidade.
- A estabilização do solo é a alteração física e química dos solos, com uma boa relação custo-eficácia e a longo prazo, para melhorar as suas propriedades físicas.

5.2 Objetivo do estudo

- O objetivo do trabalho é melhorar as caraterísticas de resistência do solo expansivo utilizando a técnica de geopolimerização.
- Encontrar a dosagem óptima dos geopolímeros para controlar o comportamento de inchamento e retração.
- Estabilizar a terra preta de algodão a um custo mínimo com materiais e técnicas amigas do ambiente.

5.3 Âmbito dos trabalhos

- Recolhemos as amostras considerando o tipo de solo como CH da região circundante da Universidade de Marwadi.
- As experiências como os limites de Atterberg, o índice de inchamento livre, a distribuição do tamanho dos grãos, o teste de compactação leve com 24 horas de imersão foram realizadas de acordo com os códigos IS e usando a curva de compactação.
- O procedimento de ensaio acima referido foi efectuado em solo virgem e em solo tratado.
- Solos tratados preparados e melhoria das suas propriedades em comparação com o solo virgem.

Capítulo - 6

Ensaios no solo

6.1 Teste total

- Gravidade específica
- Limites de Atterberg
- Limite de líquido (LL)
- Limite plástico (PL)
- Índice de plasticidade (I_P)
- Limite de retração (SL)
- Caraterísticas de compactação do solo
- Teste de pH
- Índice de ondulação livre (FSI)

6.2 GRAVIDADE ESPECÍFICA DO SOLO

Referência padrão:

ASTM D 854-00 - Standard Test for Specific Gravity of Soil Solids by Water Pycnometer (Ensaio normalizado da gravidade específica dos sólidos do solo por picnómetro de água).

Equipamento:

Picnómetro, balança, bomba de vácuo, funil, colher.

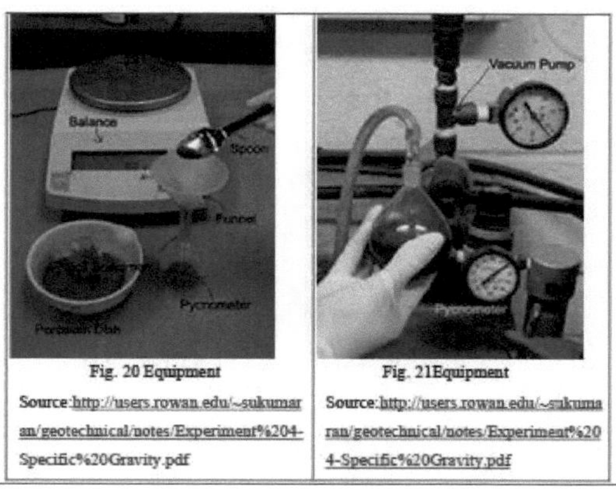

Fig. 20 Equipment
Source:http://users.rowan.edu/~sukumar an/geotechnical/notes/Experiment%204-Specific%20Gravity.pdf

Fig. 21Equipment
Source:http://users.rowan.edu/~sukuma ran/geotechnical/notes/Experiment%20 4-Specific%20Gravity.pdf

Fig. 20 Equipamento

Fonte: http://users.rowan.edu/~sukumar an/geotechnical/notes/Experiment%204-Specific%20Gravity.pdf

Fig. 21Equipamento

Fonte: http://users.rowan.edu/~sukuma ran/geotechnical/notes/Experiment%20 4-

Specific%20Gravity.pdf

Procedimento de ensaio:

1. Determinar e registar o peso do picnómetro vazio, limpo e seco, W_1.

2. Colocar 125 g de uma amostra de terra seca (passada pelo peneiro n.º 10) no picnómetro. Determinar e registar o peso do picnómetro que contém a terra seca, W_2.

3. Adicionar água destilada até encher cerca de metade a três quartos do picnómetro. Deixar a amostra de molho durante 10 minutos.

4. Aplicar um vácuo parcial ao conteúdo durante mais 10 minutos, para eliminar o ar aprisionado.

5. Parar o vácuo e retirar cuidadosamente a linha de vácuo do picnómetro.

6. Encher o picnómetro com água destilada (até à marca), limpar a superfície exterior do picnómetro com um pano limpo e seco. Determinar o peso do picnómetro e do seu conteúdo, W_3.

7. Esvaziar o picnómetro e limpá-lo. Em seguida, enchê-lo apenas com água destilada (até à marca). Limpar a superfície exterior do picnómetro com um pano limpo e seco. Determinar o peso do picnómetro e da água destilada, W_4.

8. Esvaziar o picnómetro e limpá-lo.

Cálculos:

Calcular a gravidade específica dos sólidos do solo utilizando a seguinte fórmula:

Gravidade específica, $G_S = \frac{W2-W1}{(W2-W1)-(W3-W4)}$

Onde,

G = Gravidade específica

W_1=Peso do picnómetro vazio

W_2=Peso do picnómetro + solo seco em estufa

W_3=Peso do picnómetro + solo seco em estufa + água

W_4=Peso do picnómetro + Água destilada

Fig. 22

Fonte:

Laboratório Geotech, Marwadi Universidade (MB014)

Para BC Gr. esp. do solo = 2,38

6.3 LIMITE DE ATTERBERG

6.3.1 LIMITE DE LÍQUIDO (LL)

PADRÃO

IS: 2720 (Parte 5) 1985.

APARELHOS

- Aparelho de Casagrande em conformidade com a norma IS: 9259-1979.
- Ferramenta de ranhurar.
- Balança com capacidade de 500 gramas e sensibilidade de 0,01 gramas.
- Forno com controlo termostático com capacidade até 25 oo C.
- Prato de evaporação em porcelana com cerca de 12 a 15 cm de diâmetro.
- Espátula flexível com lâmina de cerca de 8 cm de comprimento e 2 cm de largura.
- Facas de paleta com uma lâmina de cerca de 20 cm de comprimento e 3 cm de largura.
- Lavar o frasco ou o copo com água destilada.
- Recipientes herméticos e não corroíveis para a determinação do teor de humidade.

Fig. 23 Equipamento

Fonte : https://cemmlab.webhost.uic.edu/Experiment%207-Atterberg%20Limits.pdf

PROCEDIMENTO

1) Recolher uma amostra representativa de solo de cerca de 120 g que passe por um peneiro IS de 425 mícrones e misturar bem com água destilada no prato de evaporação até obter uma pasta uniforme.

2) A pasta deve ter uma consistência que exija 30 a 35 gotas do copo para provocar o fecho necessário da ranhura padrão

3) Deixar a pasta de solo em repouso durante 24 horas para assegurar uma distribuição uniforme da humidade em toda a massa de solo.

4) Remexer bem o solo antes do ensaio.

5) Colocar uma porção de pasta na chávena acima do ponto onde a chávena assenta na base, apertar para baixo e espalhar na posição com o menor número possível de golpes da espátula e, ao mesmo tempo, aparar até uma profundidade de 1 cm no ponto de espessura máxima.

6) Fazer uma ranhura limpa e afiada com uma ferramenta de ranhurar ao longo do diâmetro através da linha central da placa de cames.

7) Deixar cair o copo de uma altura de 10 + 0,25 mm, rodando a manivela ao ritmo de duas rotações por segundo, até que as duas metades do bolo de terra entrem em contacto com o fundo da ranhura ao longo de uma distância de cerca de 12 mm.

8) Registar o número de gotas necessárias para provocar o fecho da ranhura para o comprimento de 12 mm.

9) Recolher uma fatia representativa de uma amostra de solo com uma largura aproximada da largura de uma espátula, que se estenda aproximadamente de um bordo a outro do bolo de solo, em ângulo reto com a ranhura, num recipiente hermético e manter na estufa durante 24 horas, a uma temperatura de 105^0 a 110^0 C, e exprimir o seu teor de humidade em percentagem do peso seco na estufa.

10) Transferir a terra restante no copo para o prato de evaporação e limpar bem o copo e a ferramenta de ranhurar.

11) Repetir a operação acima especificada para, pelo menos, mais três ensaios adicionais (mínimo de quatro no total) com o solo recolhido numa cápsula de evaporação à qual foi adicionada água suficiente para tornar o solo mais fluido.

Fig: 24 Bolo de solo dividido antes do ensaio

Fonte: http://www.prbdb.gov.in/files/Quality%20Control%20Training/Tests%20on%20Soils/Atterbergs %2 0Limit/Atterbergs%20Limits.pdf

Fig: 25 Bolo de solo após o ensaio

Fonte: http://www.prbdb.gov.in/files/Quality%20Control%20Training/Tests%20on%20Soils/Atterbergs %2 0Limit/Atterbergs%20Limits.pdf

12) Em cada caso, registar o número de golpes e determinar o teor de humidade como anteriormente.

13) Os provetes devem ter uma consistência tal que o número de gotas necessário para fechar a ranhura não seja inferior a 15 nem superior a 35.

CÁLCULO

- Traçar uma curva de fluxo com os pontos obtidos em cada determinação num gráfico semilogarítmico que represente o teor de água na escala aritmética e o númerc de gotas na escala logarítmica.

- A curva de fluxo é uma linha reta traçada o mais aproximadamente possível através dos quatro ou mais pontos traçados.
- O teor de humidade correspondente a 25 gotas, lido a partir da curva, é arredondado para a segunda casa decimal mais próxima e é indicado como limite líquido do solo.

Limite de líquido para BCS

QUADRO DE OBSERVAÇÃO 1

N.º de golpes	Teor de água (%)
20	69.35
27	67.19
33	64.11

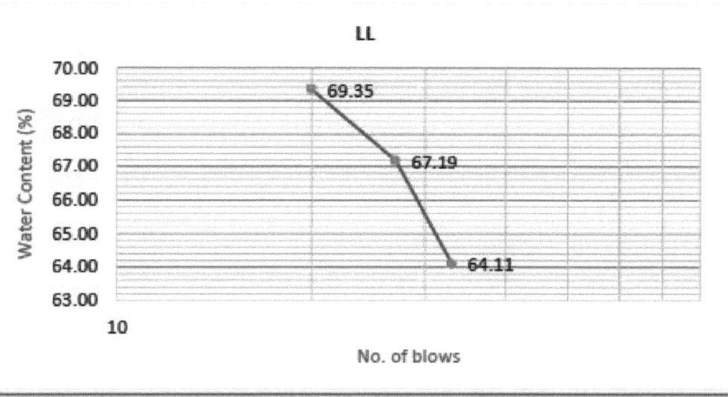

<u>LL do solo de algodão preto = 67,81%.</u>

6.3.2 LIMITE PLÁSTICO (PL)

NORMAS

15: 2720 (Parte-5) 1985.

OBJECTIVO

O limite plástico é definido como o teor mínimo de água a que o solo permanece no estado plástico.

APARELHOS

- Prato de evaporação em porcelana com cerca de 12 cm de diâmetro.
- Placa de vidro plano com 10 mm de espessura e cerca de 45 cm de lado ou mais.
- Espátula flexível com a lâmina com cerca de 8 cm de comprimento e 2 cm de largura.
- Placa de vidro despolido 20 x 15 cm.
- Recipientes herméticos.
- Balança com capacidade de 500 gramas e sensibilidade de 0,01 grama.

- Forno com controlo termostático com capacidade até 25 ooc.
- Haste com 3 mm de diâmetro e cerca de 10 cm de comprimento.

Fig: 26 Glass Plate, Palette knives, Brass Rod & Porcelain Evaporating Dish
Source:http://www.iricen.gov.in/LAB/r es/html/Test-05.html

Fig:27:425 micron IS Sieve,
Source:http://www.iricen.gov.in/LAB/res/html/T est-05.html

Fig: 26 Prato de vidro, facas de paleta, haste de latão e prato de evaporação de porcelana

Fonte: http://www.iricen.gov.in/LAB/r es/html/Test-05.html

Fig:27:Peneira IS de 425 microns,

Fonte:http://www.iricen.gov.in/LAB/res/html/T est-05.html

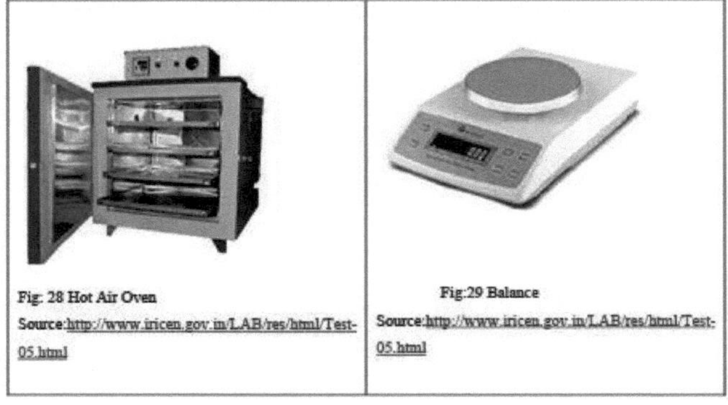

Fig: 28 Hot Air Oven
Source:http://www.iricen.gov.in/LAB/res/html/Test-05.html

Fig:29 Balance
Source:http://www.iricen.gov.in/LAB/res/html/Test-05.html

Fig: 28 Forno de ar quente

Fonte: http://www.iricen.gov.in/LAB/res/html/Test- 05.html

Fig:29 Equilíbrio

Fonte: http://www.iricen.gov.in/LAB/res/html/Test- 05.html

PROCEDIMENTO:

1) Retirar uma amostra representativa do solo de aproximadamente 20 g da parte do material que passa no peneiro IS de 425 mícrones e misturar bem com água destilada num prato de evaporação até a massa do solo se tornar suficientemente plástica para ser facilmente moldada com os dedos.

2) No caso de solos argilosos, deixar a massa de solo em repouso durante 24 horas para assegurar uma distribuição uniforme da humidade pelo solo.

3) Formar uma bola com cerca de 8 gramas desta massa de terra e enrolar entre os dedos e a placa de vidro, como se mostra na Fig. com pressão suficiente para enrolar a massa num fio de diâmetro uniforme em todo o seu comprimento.

4) A velocidade de rolamento deve situar-se entre 80 e 90 toques/minuto, contando o toque como um movimento completo da mão para a frente e de volta à posição inicial.

5) Continuar a enrolar até que o fio se desfaça exatamente com 3 mm de diâmetro.

6) Se o fio de terra não se desfizer exatamente a 3 mm, amasse a terra até obter uma massa uniforme e enrole-a novamente.

7) Continuar este processo de enrolar e amassar alternadamente até que o fio se desfaça sob pressão exatamente com 3 mm de diâmetro.

8) Recolher os pedaços de fio de terra esmigalhado num recipiente hermético e determinar o seu teor de humidade.

9) Determinar o limite plástico para, pelo menos, dois pontos do solo que passam no peneiro IS de 425 mícrones.

CÁLCULO

- Indicar o indivíduo e a média dos resultados como o limite plástico do solo, com uma aproximação de duas casas decimais.

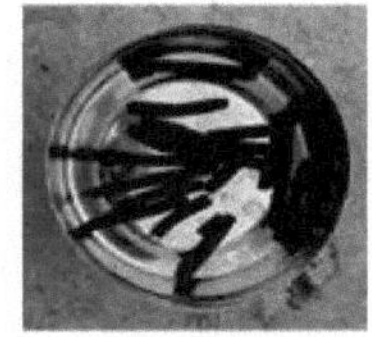

Fig. 30

PL do solo de BC = 37%

Fonte:

Laboratório geotécnico da Universidade de Marwadi, MB014

6.3.3 LIMITE DE RETRACÇÃO (SL)

NORMAS DE REFERÊNCIA

IS: 2720(Parte 6)-1972 Métodos de ensaio para solos: Determinação do fator de retração.

EQUIPAMENTO E APARELHOS

- Forno
- Equilíbrio
- Peneira
- Mercúrio

- Dessecador

AMOSTRA DE PREPARAÇÃO

- O solo que passa no peneiro de 425 mícrones é utilizado neste ensaio.

PROCEDIMENTO:

1) São colhidos 100 g de amostra de solo de uma porção bem misturada do material que passa pelo peneiro IS de 425 mícrones.

2) Colocam-se cerca de 30 g da amostra de solo acima referida no prato de evaporação e misturam-se cuidadosamente com água destilada para fazer uma pasta.

3) Determina-se e regista-se o peso da cápsula de retração limpa e vazia.

4) O prato é preenchido em três camadas, colocando aproximadamente 1/3 da quantidade de terra húmida com a ajuda de uma espátula.

5) Em seguida, o prato com terra húmida é pesado e registado imediatamente.

6) O bolo de terra húmido é seco ao ar até que a cor da pasta passe de escura a clara. Em seguida, é seco em estufa a uma temperatura de 105^0 C a 110^0 C durante 12 a 16 horas. O peso do prato com a amostra seca é determinado e registado. Em seguida, calcula-se o peso da camada de terra seca na estufa (wo).

7) Coloca-se a placa de retração na placa de evaporação e enche-se a placa com mercúrio, até transbordar ligeiramente. Em seguida, pressiona-se firmemente a placa de vidro lisa sobre o seu topo para remover o excesso de mercúrio. Verte-se o mercúrio da placa de retração para um frasco de medição e calcula-se o volume da placa de retração. Este volume é registado como o volume da placa de terra húmida (V).

8) Coloca-se um copo de vidro num recipiente grande adequado e retira-se o copo de vidro cobrindo-o com uma placa de vidro com dentes e pressionando-a. Limpa-se o exterior do copo de vidro para remover o mercúrio aderente. Em seguida, coloca-se o copo na placa de evaporação, que está limpa e vazia.

9) Em seguida, coloca-se a terra seca no forno sobre a superfície do mercúrio no copo e pressiona-se com a placa de vidro com dentes, recolhendo-se o mercúrio deslocado no prato de evaporação.

10) O mercúrio assim deslocado pela camada de solo seco é pesado e o seu volume (v_o) é calculado dividindo este peso pelo peso unitário de mercúrio.

CÁLCULO:

O limite de retração deve ser calculado através da seguinte fórmula

$$\text{Shrinkagc limit(Ws)} = W - \left(\frac{V - V_0}{W_0}\right) \times 100$$

Limite de retração (Ws)

Em que W = teor de humidade da camada de terra húmida V = volume da camada de terra húmida em ml, V0 = volume da camada de terra seca em ml e W0 - peso da camada de terra seca em estufa em gm

Resultados:

Para o solo de algodão preto

Observação Quadro 2

Peso da cápsula de retração vazia (gm) W1	36.92
Peso da placa de solo húmido + placa de retração (gm) W2	75.18
Peso da placa de solo seco + placa de retração (gm) W3	59.95
Peso da massa seca do solo (gm) W0 = W3-W1	23.03
Teor de água (%)	66.13
Massa de mercúrio colocada numa cápsula de retração sem Peso da placa de retração (gm) W4	365.18
Vol. de terra húmida pat (cm^3) V = W4/ 13,6 (densidade do mercúrio gm/cm^3)	24.14
Vol. de terra seca (cm3) V0 = W5/ 13.6	10.80
Limite de retração (%) = [W- [(V-V0)/W0]*100]	8.07 %

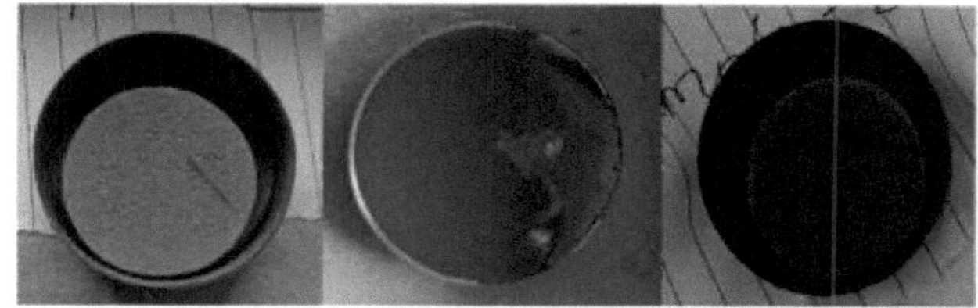

Fig. 31

Fonte:

Laboratório geotécnico da Universidade de Marwadi, MB014

SL do solo BC = 8,07 %

6.4 CARACTERÍSTICAS DE COMPACTAÇÃO DO SOLO / NORMA

TESTE DE PROCTOR (OMC & MDD)

PADRÃO

IS: 2720 (Parte 8) 1983.

APARELHOS

- O molde cilíndrico de metal deve ter um diâmetro de 100 mm e um volume de 1000 cm^3 ou um diâmetro de 150 mm e um volume de 2250 cm^3 e deve estar em conformidade com a norma IS: 10074 - 1982.
- Balança com capacidade de 500 gramas e sensibilidade de 0,01 gramas.
- Balança de capacidade 15Kg e sensibilidade um grama.
- Forno com controlo termostático com capacidade até 25 00C.
- Recipientes herméticos.
- Borda reta de aço com cerca de 30 cm de comprimento e com uma aresta biselada.
- Peneiros IS de 4,75 mm, 19 mm e 37,5 mm conformes à norma IS 460 (Parte 1).
- Instrumentos de mistura, tais como tabuleiro ou panela, colher, espátula e espátula ou dispositivo mecânico adequado para misturar cuidadosamente a amostra de solo com água.
- Compactador de compactação pesada em conformidade com a norma IS: 9189 -1979.

PROCEDIMENTO:

1) Retirar uma amostra representativa de solo seco ao ar de cerca de 5 kg (solo não suscetível de ser esmagado durante a compactação) ou 3 kg de uma amostra de 15 kg (solo suscetível de ser esmagado durante a compactação), passando por um peneiro IS de 19 mm, e misturar bem com uma quantidade adequada de água, dependendo do tipo de solo, geralmente 4 a 6% para solos arenosos e gravilhados e limite plástico menos 8% a 10% para solos coesivos.
2) Para os solos susceptíveis de serem esmagados durante a compactação, colher amostras diferentes para cada determinação e, para os solos não susceptíveis de serem esmagados durante a compactação, utilizar a mesma amostra para todas as determinações.
3) Pesar o molde com capacidade de 1000 cc com a placa de base montada e sem extensão, com uma aproximação de um grama (m_1).
4) Colocar o molde sobre uma base sólida, como um piso de betão ou um pedestal, e compactar o solo húmido no molde, com a extensão fixada em 5 camadas de massa aproximadamente igual, sendo cada camada submetida a 25 golpes com o martelo de 4,90 kg largado de uma altura de 450 mm acima do solo.
5) Distribuir uniformemente os golpes em cada camada.
6) A quantidade de terra utilizada deve ser suficiente para encher o molde, não deixando mais do que cerca de 6 mm para serem arrancados quando a extensão for removida.

Fig: 32 **Compactação do solo em forma de molde**

Fonte: http://www.prt>db.gov.in/files/Quality%20Control%20Traimng/Tests%20on%20SoilsZProctor%20Density%20Test/Proctor%20Density%20Testpdf

7) Retirar a extensão e nivelar cuidadosamente o solo compactado até ao topo do molde com uma régua.

8) Pesar o molde e a terra com a precisão de um grama (m_2). Retirar a terra compactada do molde e colocá-la no tabuleiro de mistura.

9) Recolher uma amostra representativa do solo no tabuleiro e manter na estufa durante 24 horas a uma temperatura de 105^0 a 110^0 C para determinar o teor de humidade (W).

Compactação de solos com material grosseiro até 37,50 mm

1) Recolher uma amostra representativa do material que passa pelo peneiro IS de 37,50 mm.

2) Compactar o material num volume de molde de 2250 cm^3 em cinco camadas, sendo cada camada submetida a 55 golpes com um compactador de 4,90 kg largado de uma altura de 450 mm acima do solo.

3) O procedimento restante é o mesmo que o descrito acima para o molde de 1000cc.

4) Em todos os casos acima referidos, efetuar pelo menos cinco determinações e a gama de teores de humidade deve ser tal que o teor de humidade ótimo para o qual ocorre a densidade seca máxima se situe dentro dessa gama.

CÁLCULOS

- Calcular a densidade aparente γ_w em g / cm^3 de cada provete compactado a partir da equação,

$$\gamma_w = (m_2 - m_1) / V_m$$

m1 = Peso do molde com a placa de base.

m2 = Peso do molde com solo compactado.

Vm = Volume do molde em cm^3

- **Calcule a densidade seca γ_d em g/cm3 a partir da equação,**

$$\gamma_d = \gamma_w / (1+W/100)$$

γ_w = Densidade aparente

W= % de teor de humidade

RELATÓRIO

- Traçar os valores obtidos para cada determinação num gráfico que represente o teor de humidade no eixo dos x e a densidade seca no eixo dos y.
- Desenhe uma curva suave através dos pontos resultantes e determine a posição do máximo na curva.
- Indicar a densidade seca correspondente ao ponto máximo, com uma aproximação de 0,01.
- Indicar a percentagem correspondente à densidade seca máxima, ou seja, o teor de humidade ótimo, com uma aproximação de 0,2% para os valores inferiores a 5% e de 0,5% para os valores entre 5 e 10% e com uma aproximação de um número inteiro para os valores superiores a 10%.

Para a BCS

QUADRO DE OBSERVAÇÃO 3

Densidade aparente gm/cm^3	Densidade a seco gm/cm^3
20.31	1.60
22.70	1.65
24.42	1.63
30.24	1.54
36.36	1.44

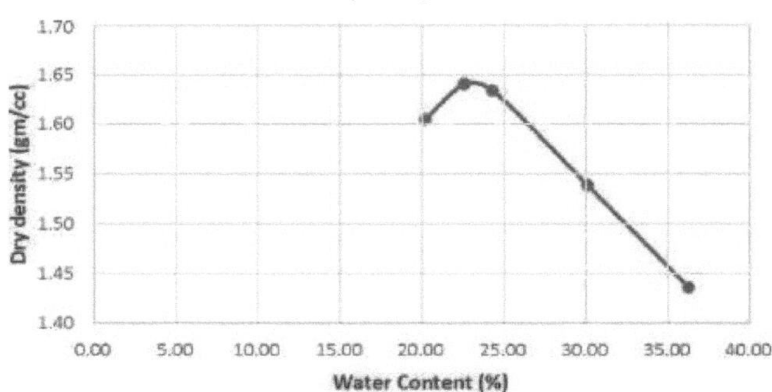

OMC do solo BC = 22,7%

MDD do solo BC = 1,64 gm/cc

6.5 ENSAIO DE ÍNDICE DE INCHAMENTO LIVRE

PADRÃO

IS: 2720 (Parte 40) 1977.

APARELHOS

- Peneira IS de 425 mícrones.
- Garrafas de vidro graduadas de 100 ml de capacidade 2 n.os (IS: 878 -1956).
- Vareta de vidro para agitar.
- Balança com capacidade de 500 gramas e sensibilidade de 0,01 grama.

PROCEDIMENTO

1) Recolher duas amostras representativas de solo seco em estufa, cada uma com 10 gramas, que passem por um peneiro de 425 mícrones.

2) Deitar cada amostra de solo em cada um dos dois cilindros graduados de vidro com 100 ml de capacidade.

3) Encher uma garrafa com querosene e a outra com água destilada até à marca dos 100 ml.

Fig:33 Amostra mantida para o índice de inchamento livre

Fonte: http://www.prbdb.gov.in/files/Quality%20Gontrol%20Traimng/Tests%20on%20Soils/Free%20Swell%20Index/Free%20Swell%20Index.pdf

4) Remover o ar aprisionado na proveta, agitando-a suavemente com uma vareta de vidro.

5) Deixar assentar as amostras em ambos os cilindros.

6) Deve ser dado um tempo suficiente, não inferior a 24 horas, para que a amostra de solo atinja o estado de equilíbrio de volume sem qualquer outra alteração do volume dos solos.

7) Registar o volume final dos solos em cada um dos cilindros.

CÁLCULOS

Índice de ondulação livre, percentagem $= \frac{Vd - Vk}{Vk} \times 100$

Vd = Volume do provete de terra lido na proveta graduada que contém água destilada.

Vk = volume do provete de solo lido na proveta graduada que contém querosene.

RELATÓRIO

- Ler o nível do solo na proveta graduada de querosene como o volume original das amostras de solo, uma vez que o querosene, sendo um líquido não polar, não provoca o inchaço do solo.
- Ler o nível do solo nos cilindros de água destilada como nível de inchamento livre.
- Registar os resultados individuais e a média com a segunda casa decimal mais próxima.

FSI do solo BC = 80 %

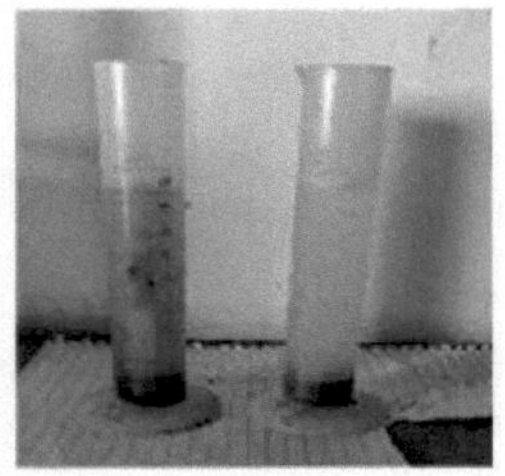

Fig. 34

Fonte:

Laboratório geotécnico da Universidade de Marwadi, MB014

6.6 ENSAIO DO HIDRÓMETRO

Referência:

IS 2720 (parte IV), IS : 3104

Aparelho:

Hidrómetro

Garrafa de medição de vidro (frasco), 1000ml

Tampão de borracha para o cilindro (frasco)

Agitador mecânico

Balança de pesagem, precisão 0,01g

Forno

Agente defloculante.

Dessecador

Prato de evaporação

Frasco cónico ou copo, 1000 ml

Parar o relógio

Frasco de lavagem

Termómetro

Banho de água

Peneira de 75 µ

Escala

- O hidrómetro é um instrumento utilizado para medir a densidade relativa de líquidos com base no conceito de flutuabilidade.
- O ensaio é utilizado para a distribuição granulométrica de solos de grão fino.

Procedimento do teste do hidrómetro

Calibração do hidrómetro

1. Colocar cerca de 800 ml de água numa proveta graduada. Colocar a proveta sobre uma mesa e observar a leitura inicial.

2. Imergir o hidrómetro na garrafa. Efetuar a leitura após a imersão.

3. Determinar o volume do hidrómetro (V_H), que é igual à diferença entre as leituras final e inicial. Em alternativa, pesar o hidrómetro com uma aproximação de 0,1 g. O volume do hidrómetro em ml é aproximadamente igual à sua massa em gramas.

4. Determinar a área da secção transversal (A) do cilindro. É igual ao volume indicado entre duas graduações quaisquer dividido pela distância entre elas. A distância é medida com uma régua de precisão.

5. Medir a distância (H) entre o gargalo e a base do bolbo. Registar esta medida como a altura do bolbo (h).

6. Medir a distância (H) entre o gargalo e cada uma das marcas do hidrómetro (Rh).

7. Determinar a profundidade efectiva (He), correspondente a cada uma das marcas (Rh) como

$$H_e = H + \frac{1}{2}\left(h - \frac{V_H}{A}\right)$$

[Nota: O fator VH/A não deve ser considerado quando o hidrómetro não é retirado ao efetuar leituras após o início da sedimentação a %, 1, 2 e 4 minutos].

8. Desenhar uma curva de calibração entre **He** e **Rh**. Em alternativa, preparar uma tabela entre **He** e **Rh**. A curva pode ser utilizada para encontrar a profundidade efectiva **He** correspondente à leitura **Rh**.

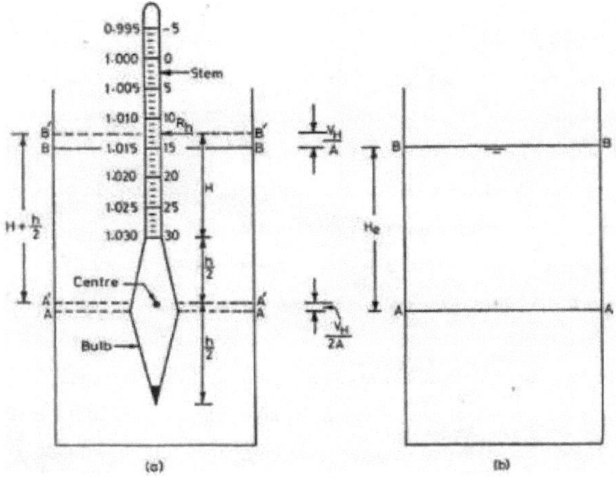

Fig. 35 Método do hidrómetro

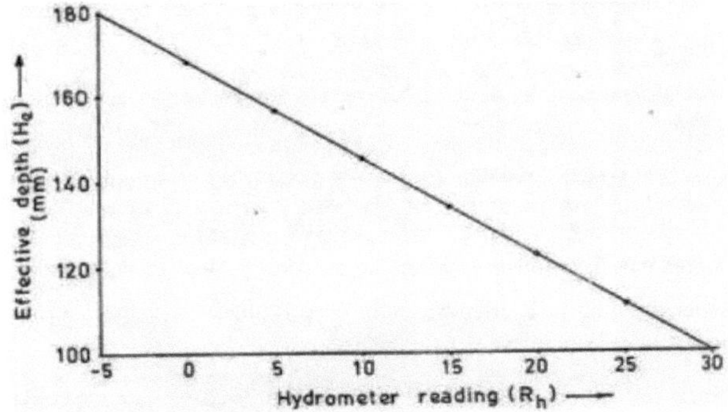

Fig. 36 Gráfico de calibração do hidrómetro

Correção do menisco

- Introduzir o densímetro na proveta graduada com cerca de 700 ml de água.
- Efetuar as leituras do densímetro no topo e na base do menisco.
- Determinar a correção do menisco, que é igual à diferença entre as duas leituras.
- A correção do menisco **Cm** é positiva e constante para o hidrómetro.
- A leitura observada do hidrómetro **Rh'** é corrigida para obter a leitura corrigida do hidrómetro **Rh**

como

$$R_h = R_h' + C_m$$

Pré-tratamento e dispersão

1. Pesar com exatidão, com uma aproximação de 0,01 g, cerca de 50 g de amostra de terra seca ao ar que passa no peneiro IS de 2 mm, obtida por ripagem da amostra seca ao ar que passa no peneiro IS de 4,75 mm. Colocar a amostra num frasco cónico de boca larga.
2. Adicionar cerca de 150 ml de peróxido de hidrogénio à amostra de solo no frasco. Agitar suavemente com uma vareta de vidro durante alguns minutos.
3. Cobrir o frasco com uma placa de vidro e deixar repousar durante a noite.
4. Aquecer suavemente a mistura no erlenmeyer, depois de a manter num prato de evaporação. Agitar periodicamente o conteúdo. Quando a espumação vigorosa diminuir, a reação está completa. Reduzir o volume a 50 ml por ebulição. Parar o aquecimento e arrefecer o conteúdo.
5. Se o solo contiver compostos de cálcio insolúveis, adicionar cerca de 50 ml de ácido clorídrico à mistura arrefecida. Agitar a solução com uma vareta de vidro durante alguns minutos. Deixar repousar durante cerca de uma hora. A solução terá uma reação ácida ao tornassol quando o tratamento estiver completo.
6. Filtrar a mistura e lavá-la com água morna até que o filtrado não apresente reação ácida.
7. Transferir a terra húmida do filtro e do funil para uma placa de evaporação com um jato de água destilada. Utilizar a quantidade mínima de água destilada.

8. Colocar o prato de evaporação e o seu conteúdo numa estufa e secá-lo a 105-110 °C. Transferir o prato para um exsicador e deixá-lo arrefecer.

9. Determinar a massa do solo seco na estufa após o pré-tratamento e determinar a perda de massa devida ao pré-tratamento.

10. Adicionar 100 ml de solução de hexa-metafosfato de sódio ao solo seco no forno no prato de evaporação após o pré-tratamento.

11. Aquecer a mistura em lume brando durante cerca de 10 minutos.

12. Transferir a mistura para o copo de uma mistura mecânica. Utilizar um jato de água destilada para lavar todos os vestígios de terra do prato de evaporação. Utilizar cerca de 150 ml de água. Agitar a mistura durante cerca de 15 minutos.

13. Transferir a suspensão de terra para um peneiro de 75 μ IS colocado num recipiente (panela). Lavar o solo neste peneiro com um jato de água destilada. Utilizar cerca de 500 ml de água.

14. Transferir a suspensão de solo que passa no peneiro de 75 μ para uma proveta de 1000 ml. Adicionar mais água para que o volume seja exatamente igual a 1000 ml.

15. Recolher o material retido num peneiro de 75 μ. Secá-lo numa estufa. Determinar a sua massa. Se necessário, efetuar a análise granulométrica desta fração.

Folha de dados para o teste do hidrómetro

W1 (gm) =	50
W2 (gm) =	5
Temperature =	27
Gs =	2.49

Cm =	0.00025
(Cd + Ct) =	-0.003
Vh (Cm3) =	75
A (cm2) =	33.18
h (cm) =	17

Ws (gm) =	45
μ (poise) =	0.00855

Mesa de observação

TEMPO (min)	Leitura observada de Hyd. (Rh[1])	Rh [(2) + CmJ	Hr (cm)	D (mm)	Rhl [[3] + [Cd + Ct]]	N [%]	N' [%]
[1]	[2]	[3]	[4]	[5]	[6]	[7]	[8]
0.5	1.0190	1.01925	13.033	0.0670	1.0163	60.3	54.3
1	1.0190	1.01925	13.033	0.0474	1.0163	60.3	54.3
2	1.0190	1.01925	13.033	0.0335	1.0163	60.3	54.3
4	1.0190	1.01925	13.033	0.2370	1.0163	60.3	54.3
8	1.0185	1.01875	12.049	0.0161	1.0158	58.5	52.6
15	1.0185	1.01875	12.049	0.0118	1.0158	58.5	52.6
30	1.0185	1.01875	12.049	0.0083	1.0158	58.5	52.6

60	1.0175	1.01775	12.34	0.0060	1.0148	54.8	49.3
120	1.0165	1.01675	12.631	0.0043	1.0138	51.1	46.0
240	1.0155	1.01575	12.923	0.0030	1.0128	47.3	42.6
1260	1.0100	1.01025	14.526	0.0014	1.0073	26.9	24.2

Cascalho	Areia	Silte	Argila
0 %	10 %	33.3 %	56.7 %

% de argila no solo BC = 56,7 %

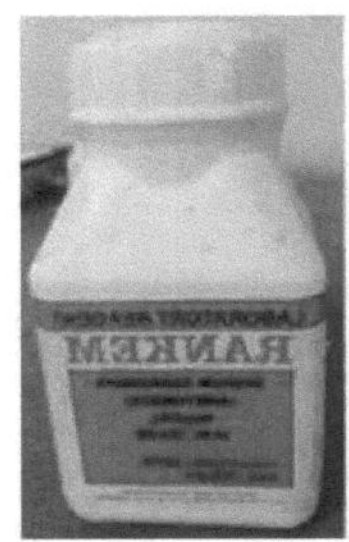

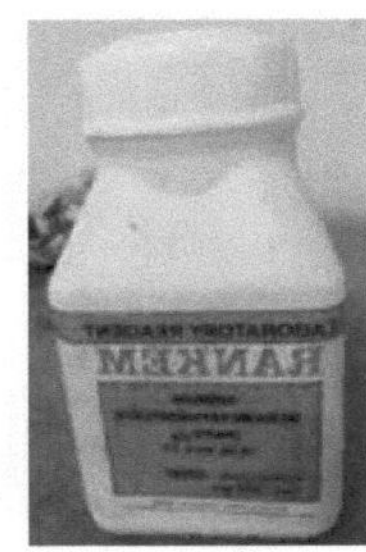

Fig. 37 Carbonato de sódio Fig. 38 Hexametafosfato de sódio

Fig. 39 Mistura

6.7 ESTUDO PILOTO

RECOLHA DE AMOSTRAS

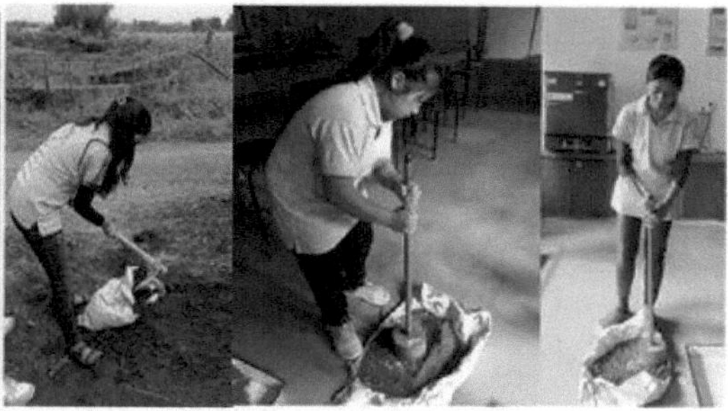

Fig. 40

ENSAIO DE LIMITE DE LÍQUIDOS

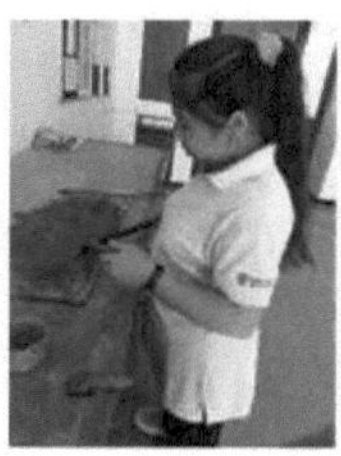
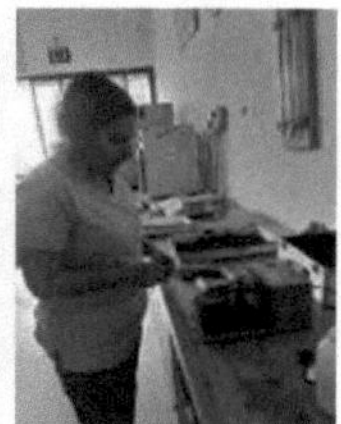

Fig. 41

TESTE DE PROCTOR PADRÃO

Fig. 42

ENSAIO DE LIMITE DE RETRACÇÃO

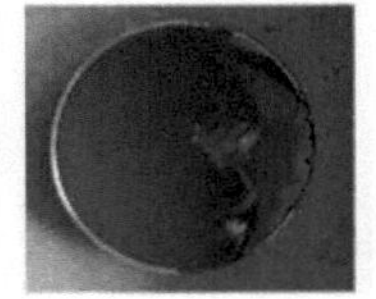

Fig. 43

TESTE DO HIDRÓMETRO

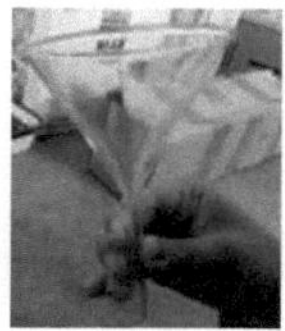

Fig.44

6.8 Ensaios em amostras de solo tratado

6.8.1 LIMITE DE LÍQUIDOS

Limite de líquido:

O teor de humidade a partir do qual qualquer aumento do teor de humidade fará com que um solo plástico se comporte como um líquido é conhecido como limite líquido (LL).

Referência:

IS 2720 (parte 5), 1985

Aparelho:

Aparelho de Casagrande

É obtido a partir do gráfico do teor de água como ordenada e do número de golpes em escala logarítmica como abcissa.

Limite de líquido = teor de água a 25 n.º de golpes

Limite de líquido para o rácio 1:300

N.º de golpes	teor de água (%)
20	55.53
27	48.55
32	44.85

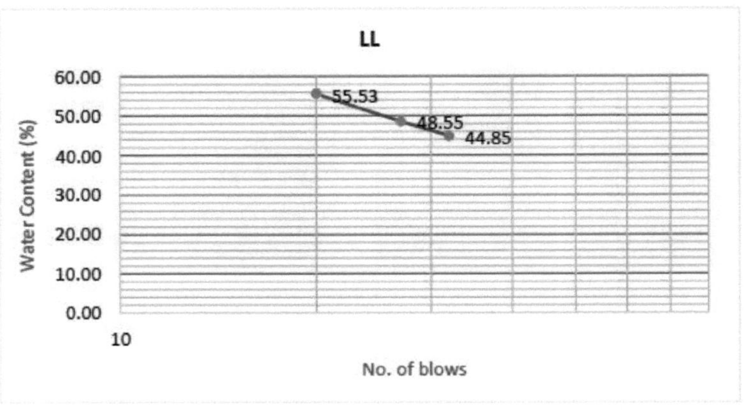

LL de BCS para o rácio 1:300 = 50,54 %

Limite de líquido para o rácio 1:500

N.º de golpes	teor de água (%)
21	55.91
27	52.20
30	50.15

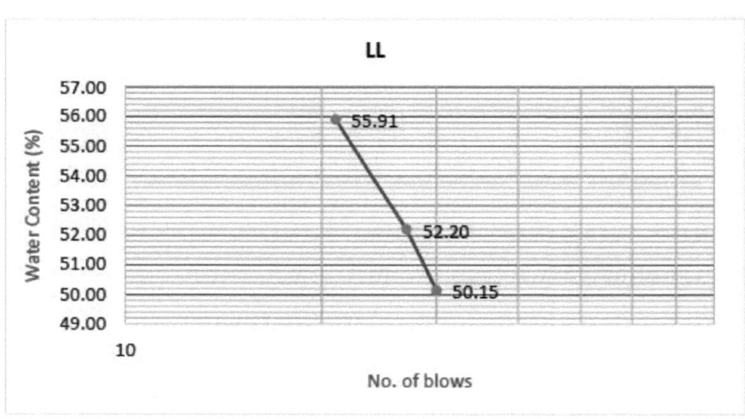

LL de BCS para o rácio 1:500 = 53,43 %

Fig. 45

6.8.2 LIMITE DE PLÁSTICO

Referência:

IS 2720 (parte 5), 1985

Aparelho:

Haste metálica de 3 mm de diâmetro e 100 mm de comprimento

Limite plástico = teor de água a partir do qual o solo começa a desfazer-se quando enrolado num fio de 3 mm de diâmetro.

PL de BCS para o rácio 1:300 = 30 %

PL de BCS para o rácio 1:500 = 34 %

6.8.3 ENSAIO DE COMPACTAÇÃO PROCTOR

Referência:

IS 2720 (parte 7), 1980 , 2nd revisão

Aparelho:

Molde de compactação com colar, compactador de 2,6 kg

Diâmetro do molde 100 mm

Colarinho (H)=60mm

OMC e MDD são obtidos a partir do gráfico do teor de água Vs densidade seca

Ensaio de compactação Proctor (omc & mdd) para a relação 1:300

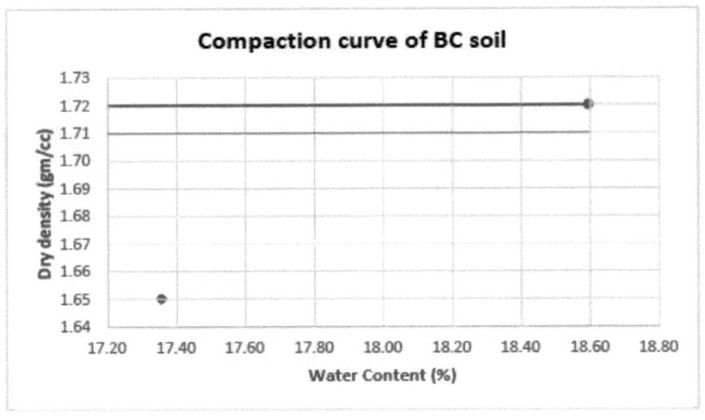

OMC do solo BC = 18,6%

MDD do solo BC = 1,72 gm/cc

Ensaio de compactação Proctor (omc & mdd) para a relação 1:500

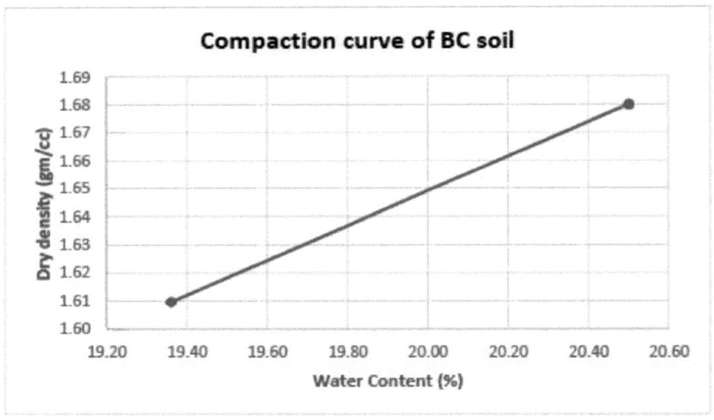

OMC do solo BC = 20,5%

MDD do solo BC = 1,68 gm/cc

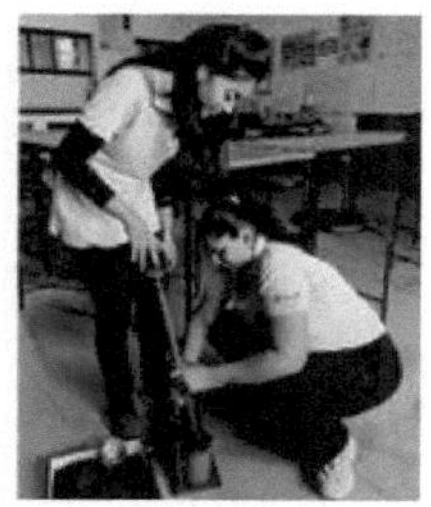
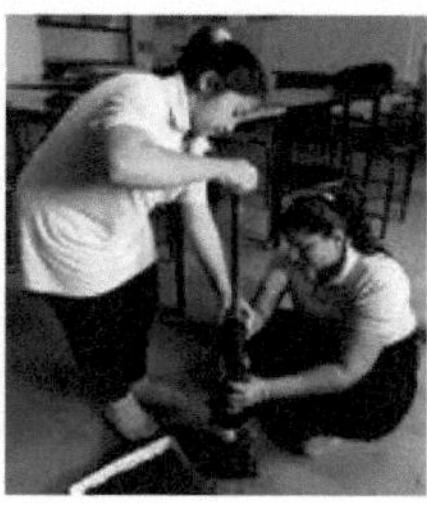
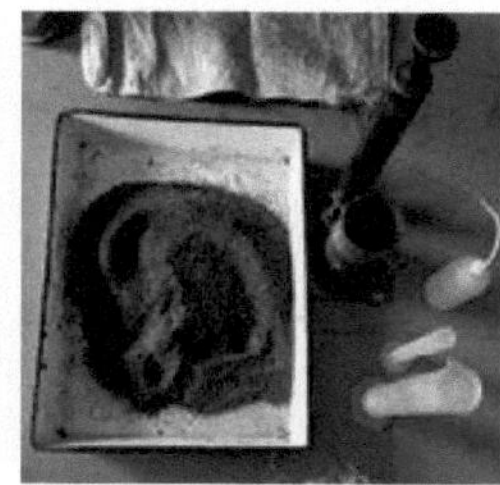

Fig. 46

6.8.4 ÍNDICE DE INCHAMENTO LIVRE

Referência:

IS 2720 (parte 40), 1970

Aparelho:

Dois números de provetas graduadas de vidro (capacidade de 100 ml)

Índice de ondulação livre, percentagem

= ((Vd-Vk) / Vk)*100

Vd= O volume do provete de solo lido na proveta graduada que contém água destilada.

Vk= O volume do provete de terra lido na proveta graduada que contém querosene

FSI da BCS para um rácio de 1.300 = 40 %

FSI da BCS para um rácio de 1.500 = 70 %

6.9 COMPARAÇÃO DOS RESULTADOS DOS ENSAIOS

Amostra	LL (%)	PL (%)	OMC (%)	MDD (gm/cc)	FSI (%)
Solo	67.81	37	22.7	1.64	80
Rácio de 1:300	54.11	30	18.6	1.72	40
Rácio de 1:500	53.43	34	20.5	1.68	70

Capítulo - 7

Progresso dos trabalhos

- Introdução sobre a disponibilidade de solo de algodão negro na Índia, Gujarat.
- Introdução sobre o solo de algodão preto e a sua composição química e caraterísticas físicas em pormenor.
- Identificação do problema.
- Vários métodos de estabilização do solo
- Estudo detalhado da literatura sobre o melhoramento do solo usando a técnica de geopolimerização (finalizado 21 artigos de literatura).
- Conclusão do estudo bibliográfico.
- Recolha de terra de algodão negro do solo
- Finalização da necessidade e do objetivo do estudo.
- Finalização de materiais e metodologia para estabilização de solo preto de algodão.
- Testes básicos em BCS como LL, PL, SL, teste de proctor padrão, Sp. Gr. Test, Free swell test.
- Ensaio com hidrómetro
- Pré-tratamento da amostra de solo e vários ensaios da amostra de solo tratada

Capítulo - 8

Conclusão

- Como se pode deduzir dos resultados dos ensaios geotécnicos do solo natural, as propriedades de engenharia do solo argiloso expansivo em estudo não são adequadas para serem utilizadas como material de enchimento de sub-base e/ou aterro, a menos que as suas propriedades indesejáveis sejam melhoradas.
- Há **uma redução relativa no índice de plasticidade** da argila **com a adição de Terrenoseal**, o que mostra que está a **melhorar a trabalhabilidade da argila**. O índice de plasticidade de 30,81% após a estabilização reduz-se para 24,11%, respetivamente, na dosagem óptima de Terrenoseal.
- **O valor FSI do solo tratado diminui** significativamente em comparação com o solo natural. **O índice de inchamento de 80 %, após o tratamento, reduz-se para 40 %, correspondentemente.** Isto deve-se ao facto de a película de água adsorvida ser muito reduzida no solo tratado e a área de superfície diminuir, resultando numa diminuição da capacidade de inchamento.
- **Os valores de OMC diminuíram e os valores de MDD aumentaram com o incremento de Terrenoseal.**
- **O solo converte-se de CH para MI**

Referências

1. Othman, Shams, e Jasim M. Abbas. "Estabilização de solo de argila macia usando geopolímero à base de metacaulim". *Revista Diyala de Ciências da Engenharia* (2021): 131-140.

2. Wassie, Tadesse A., e Gökhan Demir. "Uma revisão sobre a estabilização de solos moles com geopolimerização de resíduos industriais." *Revista Internacional de Engenharia e Manufatura* 13.2 (2023): 1.

3. Ayyappan, A., et al. "Influência de geopolímeros na estabilização de solo argiloso". *Revista Internacional de Tecnologias Emergentes em Pesquisa de Engenharia (IJETER) Volume* 5 (2017).

4. Ahmad Malik, "A statistical review of soil stabilization using Geopolymers" (Uma revisão estatística da estabilização do solo utilizando geopolímeros). Diyala Journal of Engineering Sciences Vol (14) No 3, 2021: 131-140

5. Tesanasin, Teerat, et al. "Propriedades de engenharia do solo laterítico marginal estabilizado com uma parte de geopolímero de cinzas volantes com elevado teor de cálcio como materiais de pavimentação." *Estudos de caso em materiais de construção* 17 (2022): e01328.

6. Al-Rkaby, Alaa HJ, et al. "Caracterização geotécnica do solo melhorado com geopolímero sustentável". *Jornal do Comportamento Mecânico dos Materiais* 31.1 (2022): 484-491.

7. Abdila, Syafiadi Rizki, et al. "Potencial de estabilização do solo utilizando escória granulada de alto-forno (GGBFS) e cinzas volantes através do método de geopolimerização: A Review". *Materiais* 15.1 (2022): 375.

8. Sagathiya, Akruti, Bindiya Patel e Yashwantsinh Zala. "Estudo experimental sobre geopolímero à base de poeira de forno de cimento como estabilizador de solo de subleito." *Jornal Internacional de Pesquisa em Engenharia, Ciência e Gestão* 3.7 (2020): 158-163.

9. Parikshith, M. V., e Darshan C. Sekhar. "Viabilidade do geopolímero à base de flyash para estabilização do solo". *Int. J. Innov. Technol. Explor. Eng* 9 (2019): 4348-4351.

10. Zhang, Mo, et al. "Estudo de viabilidade experimental do geopolímero como estabilizador de solos da próxima geração." *Materiais de construção e edificação* 47 (2013): 1468-1478.

11. Vu, Minh Chien, et al. "Estudo sobre a melhoria de solos fracos através da utilização de geopolímero e fragmentos de papel". *Jornal Internacional da Sociedade de Engenharia de Materiais para Recursos* 23.2 (2018): 203-208.

12. M. Anand. "Estudo e investigação sobre a estabilização do solo usando diferentes polímeros". REVISTA DE REVISÕES CRÍTICAS, ISSN- 2394-5125 VOL 7, EDIÇÃO 08, 2020.

13. Odeh, Noor Aamer, e Alaa HJ Al-Rkaby. "Caracterização da resistência, durabilidade e microestruturas de solo argiloso melhorado com geopolímero sustentável". *Estudos de caso em materiais de construção* 16 (2022): e00988.

14. Zhu, Yue, Rui Chen e Hongpeng Lai. "Estabilização de solos moles com geopolímero: Um estudo experimental". *CICTP 2020*. 2020. 1144-1155.

15. Abdullah, Hayder H., Mohamed A. Shahin e Megan L. Walske. "Revisão de geopolímeros à base de cinzas volantes para estabilização do solo com referência especial à argila." *Geociências* 10.7

(2020): 249.

16. Abd, Teba A., Mohammed Y. Fattah, e Mohammed F. Aswad. "Melhoria do solo argiloso macio por bio-polímero." *Revista de Engenharia e Tecnologia* 39.08 (2021): 1301-1306.

17. Tajaddini, Arash, et al. "Improvement of mechanical strength of low-plasticity clay soil using geopolymer-based materials synthesized from glass powder and copper slag." *Estudos de caso em materiais de construção* 18 (2023): e01820.

18. Zaliha, SZ Sharifah, et al. "Caracterização de solos como potenciais matérias-primas para aplicação na estabilização de solos utilizando o método de geopolimerização." *Fórum de Ciência dos Materiais*. Vol. 803. Trans Tech Publications Ltd, 2015.

19. Ghadir, Pooria, e Navid Ranjbar. "Estabilização de solo argiloso usando geopolímero e cimento Portland". *Construção e Materiais de Construção* 188 (2018): 361-371.

20. Zhang, Mo, et al. "Geopolímero sem cálcio como estabilizador para solos ricos em sulfato". *Applied Clay Science* 108 (2015): 199-207.

21. Selvaraj, Dhanaiyendran, "LABORATORY INVESTIGATION OF SOIL STABILIZATION USING TERRASIL WITH CEMENT", International Journal of Trendy Research in Engineering and Technology (IJTRET), 2018.

22. Wong, Bryan Yien Fu, Kwong Soon Wong e Ignatius Ren Kai Phang. "Uma revisão sobre geopolimerização na estabilização do solo". *IOP Conference Series: Ciência e Engenharia de Materiais*. Vol. 495. IOP Publishing, 2019.

Printed by Books on Demand GmbH, Norderstedt / Germany

SURYA A.R
JOHN ROSHAN. T
ADERSH G.A

OCLUSÃO DO IMPLANTE

SURYA A.R
JOHN ROSHAN. T
ADERSH G.A

OCLUSÃO DO IMPLANTE

ScienciaScripts

Imprint
Any brand names and product names mentioned in this book are subject to trademark, brand or patent protection and are trademarks or registered trademarks of their respective holders. The use of brand names, product names, common names, trade names, product descriptions etc. even without a particular marking in this work is in no way to be construed to mean that such names may be regarded as unrestricted in respect of trademark and brand protection legislation and could thus be used by anyone.

Cover image: www.ingimage.com

This book is a translation from the original published under ISBN 978-620-7-65269-3.

Publisher:
Sciencia Scripts
is a trademark of
Dodo Books Indian Ocean Ltd. and OmniScriptum S.R.L publishing group

120 High Road, East Finchley, London, N2 9ED, United Kingdom
Str. Armeneasca 28/1, office 1, Chisinau MD-2012, Republic of Moldova, Europe
Printed at: see last page
ISBN: 978-620-7-93166-8

ÍNDICE DE CONTEÚDOS

CAPÍTULO 1

INTRODUÇÃO

A implantologia dentária tornou-se uma parte integrante da medicina dentária reconstrutiva. O tratamento com implantes tornou-se o tratamento de eleição e a opção de tratamento mais desejável para substituir dentes em falta em pacientes parcial ou totalmente desdentados. Os implantes dentários têm características biológicas e biomecânicas diferentes das dos dentes naturais. A oclusão no implante é um dos critérios mais importantes[1].

A escolha do esquema oclusal para próteses implanto-suportadas é vasta e frequentemente controversa. Quase todos os conceitos são baseados naqueles desenvolvidos com a dentição natural e são transpostos para os sistemas de suporte de implantes com algumas modificações. A razão provável para esta prática é a semelhança (durante o movimento mandibular) na velocidade, o padrão de movimento e os músculos operacionais que são utilizados por pacientes com implantes e aqueles com dentição natural[2]. Para além disso, foi estabelecido que o sucesso clínico e a longevidade dos implantes podem ser alcançados através de uma oclusão controlada biomecanicamente[3]. Isto implica que a oclusão fornecida deve seguir princípios mecânicos sólidos, direcionar as forças predominantemente ao longo do eixo longo do corpo do implante e minimizar as forças descentradas. O mesmo deve ter como objetivo transmitir e melhorar a estabilidade biológica.

No entanto, existem algumas diferenças inatas entre os dentes naturais e os implantes, que devem ser consideradas aquando da restauração dos implantes. Os dentes naturais estão associados a uma elevada consciência oclusal (propriocepção) de cerca de 20 μm. A propriocepção oclusal é baixa nos implantes. Por exemplo, entre um dente e um implante a propriocepção é de cerca de 48 μm; entre dois implantes é de cerca de 64 μm; e entre um dente e uma sobredentadura suportada por implantes é de cerca de 108 μm[4,5].

A falta de propriocepção e a ausência de absorção de choque periodontal estão frequentemente associadas a uma maior força de impacto com uma prótese suportada por implantes do que com uma prótese suportada por dentes[6,7]. Para além da propriocepção, a presença do ligamento periodontal como amortecedor de choque num dente natural provoca uma intrusão apical de cerca de 28 μm e um movimento lateral de cerca de 50-108 μm. No caso de uma carga semelhante a atuar sobre um implante, não se observa qualquer movimento inicial e o movimento apical retardado observado é de cerca de 10-50 μm. O mesmo pode ser atribuído às propriedades viscoelásticas do osso. Além disso, essa carga que actua sobre um implante concentra-se principalmente na crista do implante[4,5].

Em caso de trauma oclusal, a mobilidade pode desenvolver-se tanto num dente como num implante. No entanto, após a remoção do traumatismo, a mobilidade pode ser reduzida ou controlada num dente natural, ao passo que não se nota tal resposta num implante. Em geral, o diâmetro dos dentes naturais é maior do que o diâmetro dos implantes. Além disso, a secção transversal dos implantes é arredondada e o diâmetro é selecionado principalmente de acordo com o osso disponível, e não de acordo com a carga a que se prevê que seja sujeito. A secção transversal da raiz de um dente natural, por outro lado, varia de acordo com a força que tem de suportar. Por exemplo, os dentes anteriores mandibulares têm diâmetros mais largos faciolingualmente, principalmente para resistir às forças durante a protrusão. Da mesma forma, as raízes dos caninos são moldadas para suportar cargas laterais e as dos molares para suportar cargas axiais[8].

A questão dessas diferenças entre os dentes naturais e os implantes levou ao estabelecimento da oclusão protegida por implantes (IPO), cujo crédito é do Dr. Carl Misch e do Dr. MW Bidez[9]. É também designada por oclusão lingulalizada medialmente posicionada e resulta da alteração da relação entre a crista maxilar edêntula e a crista mandibular, devido à reabsorção das cristas edêntulas na direção medial. Como resultado, alguns conceitos únicos estão associados à prótese suportada por implantes e estes constituem as directrizes para a IPO9.

A sobrecarga oclusal é frequentemente considerada como uma das principais causas da perda óssea peri-implantar e do insucesso das próteses sobre implantes. Pensa-se que os implantes dentários são mais propensos à sobrecarga oclusal do que os dentes naturais, devido à perda do ligamento periodontal, que proporciona absorção do choque, e dos mecanorreceptores periodontais, que proporcionam sensibilidade tátil e feedback propriocetivo do movimento10. Estudos sugerem que a sobrecarga oclusal pode contribuir para a perda óssea do implante e/ou perda de osteointegração de um implante integrado com sucesso. Assim, é importante que os clínicos compreendam o papel da oclusão na estabilidade a longo prazo dos implantes. A oclusão é um fator determinante para o sucesso do implante a longo prazo11.

Atribui-se que a sobrecarga oclusal é uma das principais causas de perda óssea peri-implantar e de fracasso da prótese implanto-suportada. Estudos sugerem que a sobrecarga oclusal pode contribuir para a perda óssea dos implantes e/ou para a perda de osseointegração de implantes integrados com sucesso12. As complicações mecânicas nos implantes dentários e nas próteses sobre implantes, tais como o afrouxamento e/ou fratura do parafuso, a fratura da prótese e a fratura do implante, podem ser causadas por sobrecarga oclusal, levando eventualmente a uma longevidade comprometida do implante. Os implantes osteointegrados são anquilosados ao osso circundante sem o ligamento periodontal (PDL) (ao contrário dos dentes naturais), fornecendo mecanorreceptores e função de absorção de choque13. Os tecidos peri-implantares podem ser mais susceptíveis à perda de osso da crista pela aplicação de força; isto pode ser indicado quando o osso da crista à volta dos implantes dentários actua como um ponto de fulcro para a ação de alavanca quando é aplicada uma força (momento de flexão). Foi referido que a oclusão controlada biomecanicamente pode alcançar o sucesso clínico e a longevidade dos implantes dentários[14]. Por conseguinte, é essencial que os clínicos compreendam as diferenças inerentes entre dentes e implantes e a forma como as forças (normais/excessivas) podem influenciar os implantes sob carga oclusal.

REFERÊNCIAS

1. Bidez MW, Misch C. Transferência de força em implantologia dentária: conceitos e princípios básicos. O Jornal de implantologia oral. 1992 Jan 1;18(3):264-74.

2. Gartner JL, Mushimoto K, Weber HP, Nishimura I, da Dentistry US. Efeito dos implantes osseointegrados na coordenação dos músculos mastigatórios: um estudo piloto. The Journal of prosthetic dentistry. 2000 Aug 1;84(2):185-93.

3. Rangert BO, Krogh PH, Langer B, Van Roekel N. Sobrecarga de flexão e fratura de implantes: uma análise clínica retrospetiva. Revista internacional de implantes orais e maxilofaciais. 1995 May 1;10(3).

4. Kim Y, Oh TJ, Misch CE, Wang HL. Considerações oclusais na terapia com implantes: directrizes clínicas com fundamentação biomecânica. Investigação clínica sobre implantes orais. 2005 Feb;16(1):26-35.

5. Gross MD. Oclusão em implantologia dentária. Uma revisão da literatura sobre determinantes protéticos e conceitos actuais. Jornal dentário australiano. 2008 Jun;53:S60-8.

6. Trulsson M, Gunne HS. Comportamento de agarrar e morder alimentos em seres humanos com falta de receptores periodontais. Journal of dental research. 1998 Abr;77(4):574- 82.

7. Jacobs R, Van Steenberghe D. Avaliação comparativa da função tátil oral através de dentes ou próteses suportadas por implantes. Clinical Oral Implants Research. 1991 Abr;2(2):75-80.

8. Miyata T, Kobayashi Y, Araki H, Ohto T, Shin K. A influência da sobrecarga oclusal controlada nos tecidos peri-implantares. Parte 3: Um estudo histológico em macacos. International Journal of Oral & Maxillofacial Implants. 2000 May 1;15(3).

9. Misch CE, Bidez MW. Oclusão protegida por implantes: uma fundamentação biomecânica. Compendium (Newtown, Pa.). 1994 Nov 1;15(11):1330-2.

10. Koyano K, Esaki D. Oclusão em implantes orais: directrizes clínicas actuais.

Jornal de reabilitação oral. 2015 Feb;42(2):153-61.

11. Sheridan RA, Decker AM, Plonka AB, Wang HL. O papel da oclusão na terapia com implantes: uma revisão abrangente e actualizada. Implantologia. 2016 Dez 1;25(6):829-38.

12. Adell R, Lekholm U, Rockler BR, Brånemark PI. Um estudo de 15 anos de implantes osseointegrados no tratamento de maxilares edêntulos. Revista internacional de cirurgia oral. 1981 Jan 1;10(6):387-416.

13. Schulte W. Implantes e o periodonto. Revista internacional de medicina dentária. 1995 Feb 1;45(1):16-26.

14. Adell R, Eriksson B, Lekholm U, Brånemark PI, Jemt T. Um estudo de acompanhamento a longo prazo de implantes osseointegrados no tratamento de maxilares totalmente desdentados. Jornal Internacional de Implantes Orais e Maxilofaciais. 1990 Dec 1;5(4).

CAPÍTULO 2
OCLUSÃO IDEAL

Definição de Oclusão:

A relação estática entre as superfícies de incisão ou de mastigação d o s dentes maxilares ou mandibulares ou de análogos de dentes.

(GPT 9)

Em **1974, Dawson** descreveu os cinco conceitos importantes da oclusão ideal[1].

São eles: -

1. Relação cêntrica: Definição de relação cêntrica (GPT): a relação maxilomandibular em que os côndilos se articulam com a porção avascular mais fina dos respetivos discos, com o complexo na posição anterior posterior contra a forma das eminências articulares. A posição é independente do contacto com os dentes. Esta posição é clinicamente discernível quando a mandíbula é direccionada superiormente e anteriormente. É limitada a um movimento puramente rotativo em torno do eixo horizontal transversal.

2. A orientação anterior deve estar em harmonia com os movimentos da borda do envelope de função.

3. Desoclusão de todos os dentes posteriores em movimentos protrusivos.

4. Desoclusão de todos os dentes posteriores no lado de balanceio.

5. Não interferência de todos os dentes posteriores do lado de trabalho com a orientação anterior lateral ou com os movimentos dos bordos dos côndilos

Cada indivíduo tem um padrão oclusal diferente, no entanto, o padrão adequado pode ser encontrado com base nos critérios de Dawsons. Um ensaio clínico e uma teoria concetual foram relatados por Pameijer et al em 1983 sobre 3 tipos de oclusão que explicam os esquemas oclusais ideais2. São eles a oclusão equilibrada, a oclusão com função de grupo e a oclusão com proteção canina[1,2].

1. Oclusão equilibrada

Definida como o contacto simultâneo dos dentes maxilares e mandibulares à direita e à esquerda e nas áreas oclusais posterior e anterior em posição cêntrica e acêntrica, desenvolvida para diminuir ou limitar a inclinação ou rotação das bases da prótese em relação às estruturas de suporte (GPT). A oclusão de equilíbrio está ausente na dentição natural. Na oclusão equilibrada bilateral, todos os dentes entram em contacto durante a excursão, pelo que é utilizada principalmente no fabrico de próteses completas[3].

A oclusão equilibrada pode ainda ser classificada em 4 tipos: -

1.1. Oclusão unilateral equilibrada

1.2 Oclusão bilateral equilibrada

1.3 Oclusão equilibrada protrusiva

1.4 Oclusão lateral equilibrada

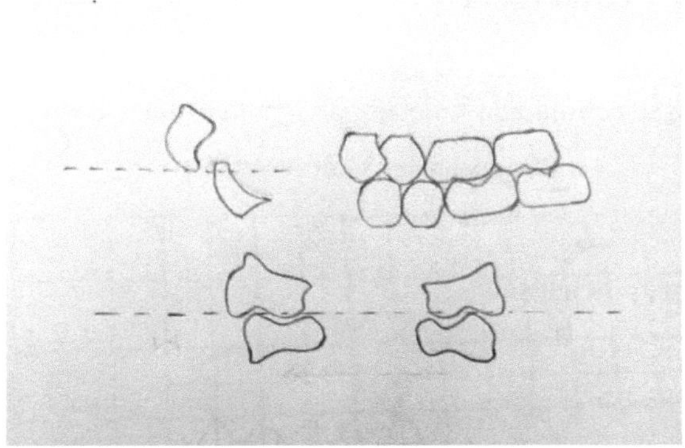

Fig 1: Oclusão equilibrada - mostrando o contacto dos dentes posteriores em relação cêntrica

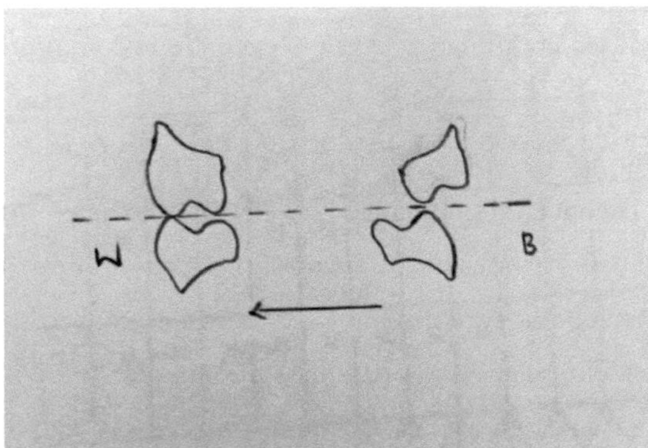

Fig 2: Oclusão equilibrada - mostrando o contacto dos dentes posteriores no lado de trabalho e no lado de equilíbrio durante a excursão lateral

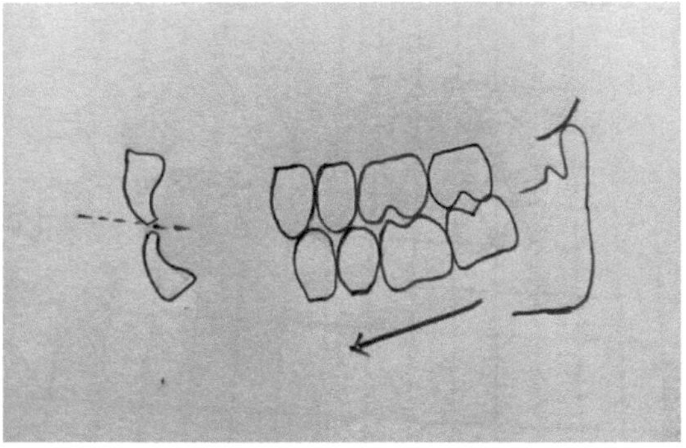

Fig 3: Oclusão equilibrada - mostrando o contacto dos dentes anteriores e posteriores em protrusão

2. **Função de grupo Oclusão**

A oclusão de função de grupo é também conhecida como oclusão unilateral equilibrada. É observada na superfície oclusal dos dentes de um lado, quando estes ocluem simultaneamente com um deslizamento suave e ininterrupto. A função de grupo no lado de trabalho distribui a carga oclusal[1]. A ausência de contactos no lado não funcional impede que esses dentes sejam sujeitos à destruição. Esta destruição foi observada pela primeira vez por Schuyler em 1959[4]. Um estudo efectuado por Beyron et al mostra que a oclusão com função de grupo evita o desgaste excessivo da cúspide cêntrica de suporte, ajudando assim a manter a oclusão[5].

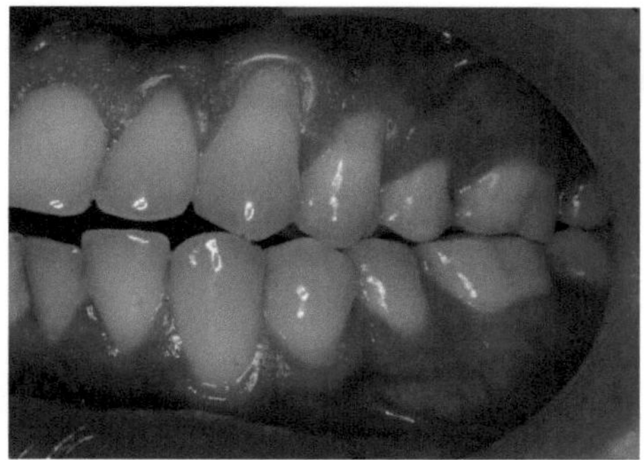

Fig 4: Função de grupo

3. Oclusão protegida canina

É também conhecida como oclusão mutuamente protegida ou oclusão orgânica. Durante os movimentos laterais ou protrusivos, os dentes anteriores maxilares e mandibulares guiam a mandíbula de tal forma que não há contacto oclusal posterior. Isto leva à ausência de desgaste por fricção. Esta oclusão é mutuamente protetora porque os dentes posteriores protegem os dentes anteriores em relação cêntrica; os incisivos protegem os caninos e os posteriores em protrusão, enquanto os caninos protegem os incisivos e os dentes posteriores durante os movimentos laterais[1]. Isto baseia-se unicamente no canino como elemento chave da oclusão, evitando fortes pressões laterais sobre os dentes posteriores[6].

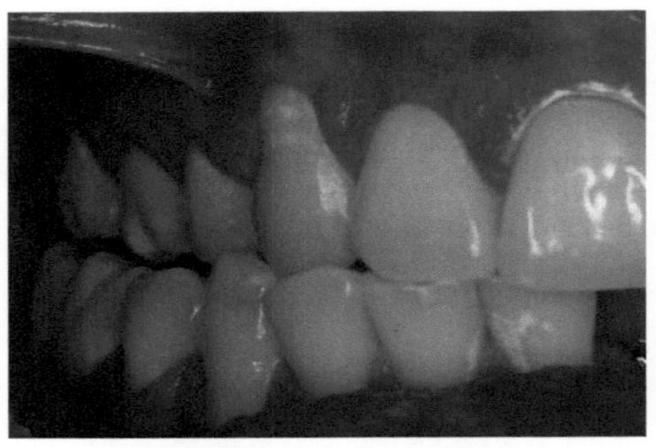

Fig. 5: Oclusão protegida do canino

REFERÊNCIAS

1. Shantanu J, Mohit K, Mukund K, Ramandeep D, Occlusion and occlusal consideration in implantology, Indian J of Dental Advancements, 2(1), 2010, 125-130.

2. Kim Y, Oh TJ, Misch CE, Wang HL. Considerações oclusais na terapia com implantes: directrizes clínicas com fundamentação biomecânica. Investigação clínica sobre implantes orais. 2005 Feb;16(1):26-35.

3. Stuart CE. Articulação dos dentes humanos. D. Items Interest. 1939 Nov;61:1029- 37.

4. SCHUYLER CH. Considerações sobre a oclusão em próteses parciais fixas. Dental Clinics of North America. 1959 Mar 1;3(1):175-85.

5. Beyron, H.L, Oclusão óptima. Dental Clinics of North America, 37, 1969, 537-554.

6. D'AMICO A. Dentes caninos - relação funcional normal dos dentes naturais do homem. J South Calf DA. 1958;26:239-41.

CAPÍTULO 3

DENTE NATURAL VS IMPLANTES

A diferença mais fundamental entre o dente natural e o implante é a sua fixação ou ligação ao alvéolo. Os dentes naturais estão suspensos no alvéolo e ligados ao osso alveolar pelo ligamento periodontal (PDL), enquanto um implante endósseo está diretamente ligado ao osso através da osseointegração (a chamada anquilose funcional)[1]. Esta diferença tem várias implicações no que respeita à biologia, bem como à biomecânica da oclusão. A PDL funciona como um amortecedor de choque para o dente[2]. Além disso, os mecanorreceptores no interior do PDL enviam informações para o sistema nervoso central, permitindo a deteção de cargas oclusais. Um implante, que não possui o PDL, demonstrou uma menor sensibilidade tátil e consciência oclusal[2,4]. Hammerle et al[2] demonstraram que os dentes naturais tinham um limiar médio de sensibilidade tátil 8,75 vezes superior ao dos implantes. Assim, é mais provável que a sobrecarga oclusal seja detectada nos dentes naturais, e não nos implantes, e que provoque um reflexo protetor para diminuir a carga. Devido à presença da PDL, um dente natural tem maior mobilidade fisiológica sob forças oclusais. Um dente natural pode ser deslocado 25 a 100 mm na direção axial e 56 a 150 mm na horizontal[5]. Quando são aplicadas cargas oclusais, a distribuição da tensão diminui ao longo da raiz na direção apical[5, 6]. O fulcro do movimento ocorre no terço apical da raiz e o dente pode responder ao movimento através da rotação da raiz[6,7]. O implante dentário está ligado diretamente ao osso, eliminando o espaço para o movimento fisiológico. Ao contrário de um dente, um implante só pode ser deslocado 3 a 5 mm na direção axial e 10 a 50 mm na horizontal[5,2]. Assim, enquanto um dente se pode adaptar ao movimento através de intrusão ou ligeira rotação, a interface implante dentário-osso pode absorver todas as forças. Embora as forças sejam distribuídas uniformemente ao longo do dente natural, as forças concentram-se ao nível da crista óssea que rodeia o implante[5].

Diferenças entre implante dentário e dente natural

DENTES	IMPLANTE
Membrana periodontal amortecedor maior duração da força distribuição da força à volta do dente a mobilidade dentária pode estar relacionada com a força a mobilidade dissipa a força lateral fremitus relacionado com a força alterações radiográficas relacionadas com a força (reversíveis)	Implante ósseo direto maior força de impacto curta duração da força forçar principalmente a crista o implante é sempre rígido (mobilidade é falha) a força lateral aumenta a tensão no osso sem frémito alterações radiográficas na crista - perda óssea (não reversível)
Conceção biomecânica secção transversal relacionada com a direção e a quantidade de tensão módulo de elasticidade semelhante ao do osso disâmetro relacionado com a magnitude da força	Conceção do implante secção transversal redonda e concebido para cirurgia módulo de elasticidade 5 a 10 vezes superior ao do osso cortical diâmetro relacionado com o osso existente
O complexo de nervos sensoriais no interior e à volta do dente, o traumatismo oclusal induz hiperemia e leva à sensibilidade ao frio	Sem nervo sensorial sem sinal precursor de traumatismo oclusal ligeiro
propriocepção (reduzir a força máxima de mordida) menor força de mordida funcional	consciência oclusal de 2 a 5 vezes menos (maior força de mordida máxima funcional) força de mordida funcional 4 vezes maior
Material oclusal (esmalte) desgaste do esmalte, linhas de tensão, abrasão e buracos	Material oclusal (porcelana) nenhum sinal precoce de força
O osso circundante é osso cortical resistente à mudança	O osso circundante é trabecular (pode ser fino) condutor de alterações

(Características em carga[8])

Critério	Dente	Implante
1. Força de impacto	Diminuído	Aumento
2. Mobilidade	Variável (dentes anteriores > posteriores)	Nenhum
3. Diâmetro	Grande	Pequeno
4. Secção transversal	Não redondo	Redondo
5. Módulo de elasticidade	Osso cortical	5-10 vezes maior do que o osso trabecular
6. Hiperémia	+	0
7. Movimento ortodôntico	+	0
8. Fremitus	+	0
9. Alterações radiográficas	PDL e osso cortical	0
10.Carregamento progressivo	Desde a infância	Período de carregamento mais curto
11.Desgaste	Mais	Menos
12. consciência oclusal	Elevada deteção de contactos prematuros	Cargas baixas e elevadas para contactos oclusais prematuros
13. Stress	Efeito amortecedor da PDL	Capta o stress em repouso
14. Movimento apical	Intrusão de 28 µm	Nenhum movimento inicial
15. movimento lateral	50-180 µm	10-50 µm

REFERÊNCIAS

1. Buser D, Ruskin J, Higginbottom F, Hardwick R, Dahlin C, Schenk RK. Osseointegração de implantes de titânio em osso regenerado em defeitos protegidos por membrana: A Histologic Study in the Canine Mandible (Estudo histológico na mandíbula canina). Jornal Internacional de Implantes Orais e Maxilofaciais. 1995 Nov 1;10(6).

2. Schulte W. Implantes e o periodonto. Revista internacional de medicina dentária. 1995 Feb 1;45(1):16-26.

3. Hämmerle CH, Wagner D, Brägger U, Lussi A, Karayiannis A, Joss A, Lang NP. Limiar da sensibilidade tátil percebida com implantes dentários endósseos e dentes naturais. Clinical oral implants research. 1995 Jun;6(2):83-90.

4. Jacobs R, van Steenberghe D. Comparação entre próteses suportadas por implantes e dentes relativamente ao nível de limiar passivo. Jornal Internacional de Implantes Orais e Maxilofaciais. 1993 Sep 1;8(5).

5. Sekine H, Komiyama Y, Hotta H, et al. Características de mobilidade e sensibilidade tátil de sistemas de suporte de fixações osseointegrados. In: van Steenberghe D, ed. Tissue Integration in Oral Maxillofacial Reconstruction (Integração de tecidos na reconstrução oral e maxilofacial). Amesterdão, Países Baixos: Excerpta Medica; 1996:32

6. Hillam DG. Tensões no ligamento periodontal. Journal of periodontal research. 1973 Feb;8(1):51-6.

7. Parfitt GJ. Medição da mobilidade fisiológica de dentes individuais numa direção axial. Journal of Dental Research. 1960 maio;39(3):608-18.

8. Jacob SA, Nandini VV, Nayar S, Gopalakrishnan A. Princípios oclusais e considerações para a prótese osseointegrada. J Dent Med Sci. 2013 Jan;3(5):47-54.

CAPÍTULO 4

OCLUSÃO PROTEGIDA POR IMPLANTES

Um dos critérios mais importantes para o sucesso do implante é a sua oclusão. Um esquema oclusal deficiente aumenta as tensões e deformações mecânicas no osso da crista, que actua como um fulcro quando existe uma sobrecarga oclusal. Isto leva a complicações biológicas e mecânicas[1]. As consequências das sobrecargas biomecânicas são a falha precoce do implante, a perda precoce de osso da crista, a falha intermédia a tardia do implante[2,3], o afrouxamento do parafuso[2], a restauração não cimentada, a falha do componente, a fratura da porcelana, a fratura da prótese[2] e a doença periimplantar[3]. Para ultrapassar este problema, reduzir a carga oclusal nociva e estabelecer uma filosofia oclusal consistente, a oclusão protegida por implantes foi proposta pelo Dr. Carl E. Misch, que foi anteriormente apresentada como oclusão lingualizada posicionada medialmente[4]. O conceito de oclusão protegida por implantes aborda várias condições para minimizar a sobrecarga nas interfaces osso-implante e nas próteses sobre implantes, o que, por sua vez, mantém a carga do implante dentro do limite fisiológico[5]. Os factores que influenciam a oclusão protegida por implantes são apresentados na tabela[4] 1.

OCLUSÃO PROTEGIDA POR IMPLANTES
1. Eliminação do contacto oclusal prematuro
2. Influência da área de superfície
3. Articulação mutuamente protegida
4. Ângulo de cúspide da coroa
5. Ângulo do corpo do implante em relação à carga oclusal
6. Altura da coroa
7. Cantilever
8. Posição de contacto oclusal
9. Contorno da coroa do implante
10. material oclusal
11. controlo da largura da mesa oclusal
12. o desenho da prótese deve favorecer o arco mais fraco
13. atividade parafuncional
14. tempo de carregamento

1. Eliminação do contacto oclusal prematuro

Os contactos prematuros são definidos como contactos oclusais que desviam a mandíbula de uma trajetória normal de fecho; interferem com o movimento mandibular normal de deslizamento suave; e/ou desviam a posição do côndilo, dos dentes ou da prótese.

Durante a intercuspidação máxima, nenhum contacto oclusal deve ser prematuro. Isto é baseado em:

1.1 Dentes naturais e oclusão com implantes

1.2 Momento do contacto oclusal

A prematuridade oclusal entre a intercuspidação máxima e a oclusão da relação cêntrica deve ser tida em consideração, especialmente nas próteses suportadas por implantes. Isto deve-se ao facto de os implantes não móveis suportarem toda a carga da prótese quando esta entra em contacto com os dentes naturais móveis, pelo que, durante o ajuste oclusal entre os implantes e os dentes naturais, podem ocorrer contactos oclusais prematuros nos implantes, uma vez que os dentes naturais podem afastar-se do cêntrico durante a função[6].

Miyata et al. relataram um estudo em animais, que demonstra uma força excessiva durante o contacto prematuro, causando perda óssea marginal e falha na osteointegração, tendo sido utilizados macacos com diferentes alturas de contacto prematuro neste estudo. Os seus resultados propuseram que, quanto maior o contacto prematuro nas próteses sobre implantes, maior a perda óssea crestal[7]. Além disso, Isidor F também relatou um estudo utilizando macacos, afirmando que a sobrecarga oclusal excessiva durante o contacto prematuro causa uma reabsorção óssea severa da crista e perda de osteointegração[8].

Os padrões de movimento do dente natural e os movimentos do implante são apresentados na tabela 6[,7].

Padrões de movimento dos dentes naturais e movimento do implante (µm) sob carga (1,36 - 2,27 kg)

VERTICAL DIRECÇÃO	DENTES NATURAIS	IMPLANTES
Movimentos dentários iniciais	8-28	0
Dente secundário movimento	3-5	3-5

O ajuste oclusal pode ser efectuado utilizando um papel de articulação fino com menos de 25 µm para avaliar a relação cêntrica do contacto oclusal. Isto é feito para aliviar a coroa do implante, o que leva a um contacto mais pesado com o dente natural adjacente. Uma força oclusal maior é então aplicada ao papel de articulação, estabelecendo regiões de contacto iguais nas coroas suportadas por implantes e nos dentes naturais. O dente pode não voltar à sua posição original durante várias horas após a aplicação de uma força oclusal forte. De seguida, as forças ligeiras nos dentes naturais adjacentes são primeiro equilibradas. O ajuste oclusal dos implantes e dos dentes da arcada oposta também deve ser compensado pelo movimento do dente primário[3].

Dependendo de muitos factores, como a forma do dente, a posição, a geometria das raízes e o tempo decorrido desde a última aplicação de carga, o movimento inicial do dente varia entre 8 μ e 28 μ na direção vertical sob uma carga de 3 lb-5 lb. O movimento secundário do dente é semelhante ao movimento observado nos implantes (3 μ-5 μ)[9] e reflecte a propriedade do osso circundante. Quando os dentes entram em contacto, o movimento intrusivo combinado é de cerca de 56 μ (28 μ +28 μ), mas quando um implante se opõe a um dente natural, ocorre apenas 28 μ de movimento, pelo que, embora o desenho oclusal possa ser ideal, podem ocorrer contactos oclusais prematuros no implante devido à diferença no movimento vertical dos dentes e dos implantes na mesma arcada. A prótese de implante deve apenas tocar e os dentes circundantes na arcada devem apresentar contactos iniciais maiores.1 Assim, nos casos de restaurações de implantes opostas por dentes naturais, o dentista deve utilizar uma força de mordida forte seguida de uma força de mordida leve para diferenciar os contactos oclusais. Forças de mordida pesadas causam depressão dos dentes naturais e posicionam-nos mais perto do implante, permitindo assim uma partilha igual da carga.11 Assim, em próteses implanto-suportadas, durante a máxima intercuspidação e oclusão cêntrica, não deve haver contactos oclusais prematuros[9].

2. Influência da área de superfície

É necessária uma área de superfície suficiente para suportar a carga transmitida à prótese, pelo que, quando um implante com uma área de superfície reduzida é sujeito a um aumento da carga em termos de magnitude, direção ou duração, a tensão e a deformação no tecido interfacial aumentam. Isto pode ser minimizado através da colocação de implantes adicionais na região em causa, aumento do rebordo, redução da altura da coroa ou aumento da largura do implante10,[11].

Bidez et al. relataram um estudo que mostra que as forças distribuídas por 3 pilares resultam em menos stress na crista óssea em comparação com 2 pilares[12]. Misch recomendou o aumento da largura do implante para melhorar a área de superfície. Um aumento de 1 mm na largura pode aumentar a área de superfície em 30% e diminuir a força sobre o osso. Quando a carga é transmitida à prótese, é necessária uma área de superfície suficiente. O mesmo acontece no caso da prótese sobre implante, se a área de superfície for reduzida, haverá um aumento da carga em termos de magnitude, direção ou duração, e a tensão e a deformação no tecido interfacial aumentarão. Bidez et al relataram um estudo em que a força distribuída por 3 pilares produz menos tensão na crista óssea quando comparada com 2 pilares[12].

3. **Articulação mutuamente protegida**

Quando os caninos naturais estão presentes, durante as excursões, permitem que os dentes distribuam a carga horizontal e também que o dente posterior desoclua. Este conceito é conhecido como orientação do canino ou articulação mutuamente protegida. No entanto, não deve haver contacto com a coroa do implante durante a excursão para o lado oposto e também durante a protrusão[13]. A orientação anterior da prótese sobre implante com implante anterior deve ser pouco profunda. Isto porque, quanto mais íngreme for a orientação incisal, maior será a força sobre os implantes anteriores13. Weinberg et al. relataram um estudo que afirmava que, a cada 10 graus de alteração no ângulo de oclusão, havia uma diferença de 30% na carga. Por exemplo, se a orientação incisal for de 20 graus, são colocados 100 psi no implante[14].

4. **Ângulo de cúspide da coroa**

A dentição natural tem uma inclinação acentuada da cúspide, ao passo que nos dentes de prótese, a inclinação da cúspide é de 30 %. Verificou-se que a inclinação da cúspide produz um elevado nível de binário. Por cada 10° de aumento na inclinação da cúspide, há um aumento de aproximadamente 30% no torque[6]. Weinberg et al, em 1995, relataram um estudo sobre o torque de um parafuso de ouro, parafuso do pilar e implante. Concluíram que a inclinação da cúspide produz o maior binário, seguida do desvio horizontal do implante maxilar, enquanto a inclinação do implante e o desvio apical do implante produzem um binário mínimo[14]. Kaukinen JA et al relataram um estudo que afirmava que, quando o ângulo da cúspide se torna maior, pode incisar os alimentos de forma mais eficiente, no entanto, à medida que o ângulo da cúspide aumenta, a tensão também aumenta, levando a uma carga angular no osso da crista[15], pelo que não oferece qualquer vantagem, mas aumenta o risco. O contacto oclusal sobre uma coroa de implante deve ser feito numa superfície plana e perpendicular ao corpo do implante. Isto é conseguido aumentando 2 a 3 mm da largura do sulco central nas coroas de implantes posteriores e a cúspide oposta é recontornada para ocluir a fossa central diretamente sobre o corpo do implante[16].

5. Ângulo do corpo do implante em relação à carga oclusal

Pode haver um impacto diferente na interface entre o osso e o implante, com base na direção da carga aplicada, mesmo que a magnitude da força seja a mesma; no entanto, o implante foi concebido principalmente para cargas de eixo longo[17]. Em 1970, Binderman apresentou um estudo em que foram avaliados 50 desenhos de implantes endósteos e concluiu que todos os desenhos tinham uma menor sustentação sob uma carga de eixo longo[18]. Quanto maior for o ângulo de carga em relação ao eixo longo do implante, maiores serão as tensões de compressão, tração e cisalhamento, o que conduz à perda óssea e ao insucesso do recrescimento ósseo[19,20]. Quanto maior for o ângulo de carga em relação ao longo eixo do implante, maiores serão as tensões de compressão, tração e cisalhamento, o que conduz à perda de osso e a um recrescimento ósseo mal sucedido. Quer a carga oclusal seja aplicada a um corpo de implante angulado ou uma carga angulada seja aplicada a um corpo de implante perpendicular ao plano oclusal, o risco biomecânico aumenta. Quanto maior for o ângulo da carga, maior será a componente de cisalhamento da carga. Alguns estudos demonstraram que os implantes com uma largura superior a 5 mm não transferem forças adequadas (proteção contra o stress) para o osso de suporte e podem levar à perda óssea por desuso.

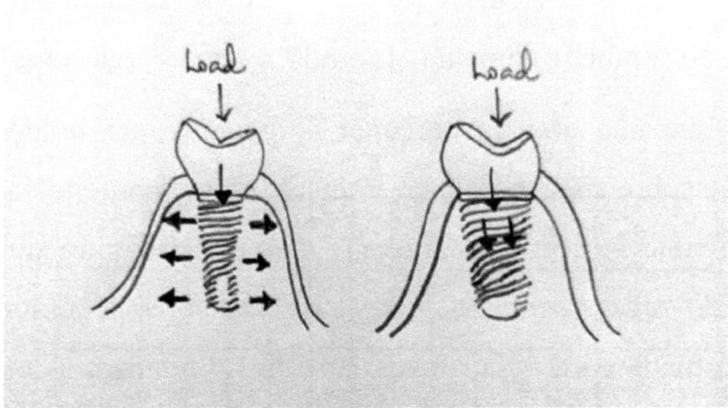

Fig 1: Ângulo do corpo do implante em relação à carga oclusal

6. **Altura da coroa**

A altura da coroa do implante é frequentemente maior do que a coroa anatómica natural. À medida que a altura da coroa do implante se torna maior, o momento crestal com qualquer componente lateral de força também se torna maior[21]. Por conseguinte, qualquer efeito prejudicial de qualquer ângulo de cúspide fracamente selecionado, corpo de implante angulado ou carga angulada para a coroa será ampliado pelas medições da altura da coroa16.

7. **Cantilever**

Os cantilevers com um rácio desfavorável entre a coroa e o implante aumentam a tensão sobre o implante[16]. Isto pode levar à perda óssea peri-implantar e à falha da prótese[21,22]. A magnitude da carga obtida pelos implantes é aproximadamente proporcional ao comprimento dos cantilevers, mas também varia consoante o número de implantes, o espaçamento e a localização[23,24]. Os cantilevers longos estão correlacionados com o aumento da perda óssea crestal num relatório clínico de Lundquist et al em 198821.

As coroas em cantilever devem estar livres de contactos nas posições cêntrica e excêntrica. Do mesmo modo, em restaurações de arcada completa, os segmentos cantilever distais devem ser concebidos com uma mesa oclusal mais estreita com contactos oclusais mínimos para reduzir a força sobre o implante.

O cantilever não deve exceder mais de 20 mm e deve ser mantido, na melhor das hipóteses, a menos de 15 mm.16 O cantilever com uma relação desfavorável entre a coroa e o implante aumentará o stress ou a carga sobre o implante, o que levará à perda óssea peri-implantar e ao fracasso da prótese22.

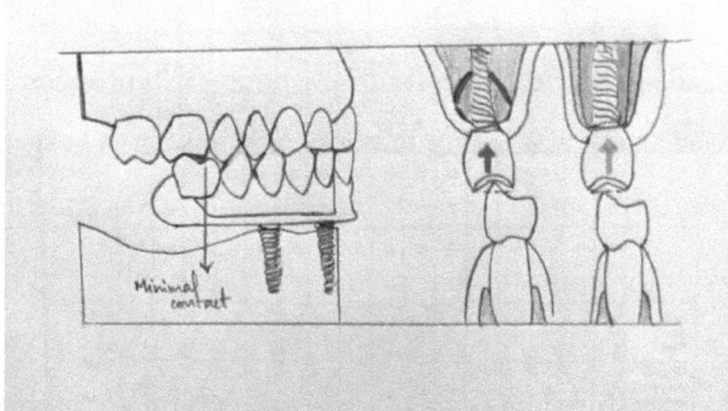

Fig. 2: (A) Contactos oclusais mínimos na porção em cantilever; (B) Mesa oclusal larga - aumento das forças de corte na crista óssea; Mesa oclusal estreita - diminuição das forças de corte na crista óssea.

8. **Posição de contacto oclusal**

A posição do contacto oclusal determina a direção da força, especialmente durante a atividade parafuncional16. Em diferentes teorias, o número de contactos oclusais varia. A teoria oclusal de Peter K. Thomas sugere que deve haver um contacto em tripé em cada cúspide oclusal, em cada crista marginal e fossa central, com 18 e 15 contactos oclusais individuais num molar mandibular e maxilar[27], ao passo que o outro esquema de contacto oclusal indica que o número de contactos oclusais para os molares pode ser reduzido.

9. **Contorno da coroa do implante**

Na maxila, a crista edêntula reabsorve gradualmente na direção medial, enquanto na mandíbula posterior, a reabsorção ocorre na direção lingual. O centro do implante é colocado no centro da crista edêntula, porque a crista reabsorve-se lingualmente com a reabsorção, pelo que o implante não é, na maioria das vezes, mantido sob a ponta da cúspide vestibular, mas perto da fossa central ou, mais para a frente, sob a cúspide lingual do dente natural. O tamanho do corpo do implante, que é a dimensão vestibulolingual, é mais pequeno do que o do dente natural[16].

O conceito oclusal mais ideal defendido para restaurações suportadas por implantes é o da articulação mutuamente protegida. Os grupos de dentes posteriores e anteriores protegem-se mutuamente. Na protrusão, apenas os dentes anteriores são controlados pela orientação incisal[28] e existe uma desoclusão uniforme na região posterior, enquanto que na oclusão cêntrica existe intercuspidação dos dentes posteriores e os dentes anteriores estão livres de qualquer contacto.

Nos casos em que um canino saudável está presente, apenas o canino desoclui o resto dos dentes posteriores em excursões laterais[29]. Na prótese sobre implantes, a orientação incisal deve ser tão rasa quanto possível, Weinberg e Kruger[30] observaram que por cada mudança de 10 graus no ângulo de desoclusão, havia uma diferença de 30% na carga. Por isso, todas as excursões laterais que se opõem a próteses fixas ou dentes naturais devem desocluir todos os componentes posteriores. Quanto maior for a altura da coroa, maior será o momento crestal resultante com qualquer componente lateral de força, incluindo as forças que se desenvolvem devido a uma carga angulada. A fossa central de uma coroa de implante deve ter 2-3 mm de largura nos dentes posteriores e ser paralela ao plano oclusal. Os contactos secundários devem permanecer a 1 mm da periferia do implante para diminuir os momentos de carga e os contactos com o rebordo marginal devem ser evitados. As coroas esplintadas também diminuem as forças oclusais no osso da crista e reduzem o afrouxamento do parafuso do pilar; por conseguinte, as coroas de implantes adjacentes devem ser esplintadas. O centro do implante é frequentemente colocado no centro do rebordo edêntulo, uma vez que o rebordo se desloca para a língua com a reabsorção, o corpo do implante não se encontra frequentemente sob as pontas das cúspides vestibulares, mas sim perto da fossa central ou, por vezes, sob a cúspide lingual do dente natural. Um cantilever vestibular ou lingual é designado por carga offset, que actua como uma alavanca de classe 1. Quanto maior for o offset, maiores serão as forças de compressão, tração e cisalhamento na crista do implante. Assim, a redução da dimensão vestibulolingual da coroa ajuda a minimizar estas cargas[30].

10. **Material oclusal**

A fratura do material oclusal é uma das complicações mais comuns da restauração com implantes[27], pelo que a consideração da restauração do material oclusal é muito essencial para cada paciente. O material oclusal pode ser avaliado pela estética, força de impacto, carga estática, eficiência mastigatória, fratura, desgaste, necessidade de espaço interarcos e precisão da fundição[4]. Os factores que influenciam o material oclusal são apresentados na tabela[4].

	PORCELANATO	OURO	RESINA
ESTÉTICA	+	-	+
FORÇA DE IMPACTO	-	+	+
CARGA ESTÁTICA	+	+	+
MASTIGAÇÃO EFICIÊNCIA	+	+	-
FRACTURA	-	+	-
VESTIR	+	+	-
PESQUISA ESPAÇO	-	+	-
ACURACIA	-	+	-

11. Controlo da largura da mesa oclusal

A largura da mesa oclusal está diretamente relacionada com a largura do corpo do implante. Quanto mais larga for a mesa oclusal, maior será a força desenvolvida para penetrar um bolus de alimentos. Uma restauração que imite a anatomia oclusal dos dentes naturais resulta frequentemente em carga de compensação (aumento da tensão), aumento do risco de fratura da porcelana e dificuldades nos cuidados domiciliários (devido ao desvio horizontal vestibulolingual/cantilever). Como resultado, nas regiões não estéticas, a largura da mesa oclusal deve ser reduzida em comparação com um dente natural.

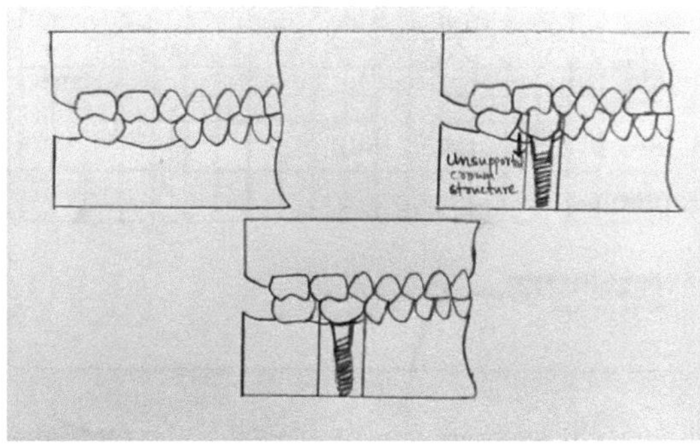

Fig 3: Se houver um grande espaço edêntulo, é melhor deixar um diastema autolimpante em vez de preencher o espaço da prótese com um dente anormalmente grande. Isto aumentará as forças de cantilever no implante e levará à fratura

12. **O desenho da prótese deve favorecer o arco mais fraco**

Normalmente, a maxila é a mais fraca das duas arcadas, predominantemente devido ao osso menos denso. De uma perspetiva biomecânica, uma pré-maxila restaurada com implantes é frequentemente a secção mais fraca em comparação com as outras regiões da boca. Ao restaurar implantes na maxila anterior, a utilização de um pilar angulado, em comparação com um pilar reto, pode diminuir a tensão no osso. Aumentar o número e o diâmetro dos implantes e fornecer uma tala quando os factores de força são elevados.

13. **Atividade parafuncional**

As actividades parafuncionais e os desenhos oclusais inadequados estão correlacionados com a perda óssea e as falhas dos implantes. O número e a distribuição dos contactos oclusais tiveram uma grande influência na distribuição da força. Naert et al. 1992 referiram que a sobrecarga provocada por hábitos parafuncionais, como o cerramento ou o bruxismo, parecia ser a causa mais provável de fracasso dos implantes e de perda óssea marginal. De acordo com estes autores, cantilevers mais curtos, localização adequada dos acessórios ao longo da arcada, um comprimento máximo dos acessórios e proteção nocturna devem ser pré-requisitos para evitar hábitos parafuncionais ou a sobrecarga dos implantes nestes pacientes.

14. **Tempo de carregamento**

A carga do implante pode ser retardada (submersa), carga óssea progressiva ou carga óssea imediata. A densidade óssea é o fator determinante para decidir o período de tempo entre a colocação do implante e a restauração da prótese. A carga óssea progressiva é especificamente indicada para ossos menos densos. A carga óssea progressiva permite um "tempo de desenvolvimento" para o osso portador de carga e permite a adaptabilidade do osso à carga através do aumento gradual da carga. O conceito baseia-se na incorporação de intervalos de tempo (3-6 meses), dieta (evitando a mastigação com uma dieta mole, progredindo depois para alimentos mais duros), oclusão (intensificando gradualmente os contactos oclusais durante o fabrico da prótese), desenho da prótese e materiais oclusais (de resina a metal e porcelana) para condições de má qualidade óssea.

Princípios básicos da oclusão de implantes

(1) estabilidade bilateral em oclusão cêntrica (habitual),

(2) contactos oclusais e força uniformemente distribuídos,

(3) não há interferências entre a posição retruída e a posição cêntrica (habitual),

(4) ampla liberdade na oclusão cêntrica (habitual),

(5) orientação anterior sempre que possível, e

(6) movimentos de excursão laterais suaves e regulares, sem interferências de trabalho/não trabalho.

Juntamente com os contactos oclusais uniformemente distribuídos, a estabilidade oclusal bilateral proporciona estabilidade ao sistema mastigatório e uma distribuição adequada da força. Isto pode reduzir a possibilidade de contactos prematuros e diminuir a concentração de força em implantes individuais. Além disso, a ampla liberdade em cêntrica pode obter linhas de força verticais mais favoráveis, minimizando assim os contactos prematuros durante a função. Weinberg (1998) recomendou uma área de fossa plana contínua de 1,5 mm para uma ampla liberdade em cêntrica na prótese, com base na sua experiência clínica[31]. Além disso, Gibbs et al. (1981) descobriram que a orientação anterior ou canina diminuía a força de mastigação em comparação com a orientação posterior[32]. Quirynen et al. (1992) relataram que a falta de contactos anteriores numa ponte de arcada cruzada suportada por implantes criou uma perda óssea marginal excessiva nos implantes posteriores. A orientação anterior ou canina poderia minimizar as forças potencialmente destrutivas nos implantes posteriores. Para além da vantagem da orientação anterior, podem ser preferidos contactos de trabalho suaves e uniformes, sem contactos cantilever na região posterior, para proporcionar uma distribuição adequada da força e proteger a região anterior. Foi sugerido que os contactos do lado de trabalho devem ser colocados o mais anteriormente possível para minimizar o momento de flexão[33].

Hobkirk & Brouziotou-Davas (1996) avaliaram os padrões de força mastigatória de dois esquemas oclusais (oclusão equilibrada e oclusão com função de grupo) com vários alimentos em próteses mandibulares suportadas por implantes. O pico médio da força mastigatória e a taxa de carga foram mais baixos quando se comeu pão e mais altos quando se mastigaram frutos secos, e os valores do pico médio da força mastigatória e da taxa de carga foram mais baixos com a oclusão equilibrada do que com a oclusão com função de grupo quando se mastigaram frutos secos e cenouras. O estudo sugeriu que a oclusão equilibrada pode ser mais protetora do que a oclusão de função de grupo[34]. No entanto, Wennerberg et al. (2001) observaram que os factores oclusais em próteses implanto-suportadas mandibulares opostas a próteses completas não influenciaram a satisfação do paciente e os resultados do tratamento. Está implícito que os esquemas oclusais podem ser factores menos cruciais da sobrecarga dos implantes do que o número e a posição dos contactos oclusais nas próteses sobre implantes[35]. O desenvolvimento da morfologia dentária para induzir a carga axial é um fator importante a considerar na construção de próteses sobre implantes. A carga axial em implantes do tipo rosca pode ser bem distribuída ao longo da interface implante-osso, e o osso cortical pode resistir favoravelmente à tensão compressiva. Uma área plana à volta dos contactos cêntricos pode direcionar a força oclusal para uma direção apical. Weinberg (1998) afirmou que a inclinação da cúspide é um dos factores mais significativos na produção do momento fletor. A redução da inclinação da cúspide pode diminuir o momento fletor resultante com uma redução do braço de alavanca e melhoria da força de carga axial[31]. Kaukinen et al. (1996) investigaram a diferença de transmissão de força entre 331 e 01 cúspides. A força de rutura inicial média dos espécimes com 331 cúspides foi de 3,846 kg, enquanto o valor correspondente dos espécimes com 01 cúspide sem desenho oclusal foi de 1,938 kg. Este resultado sugere que a inclinação da cúspide afectou a magnitude das forças transmitidas às próteses sobre implantes. Em resumo, uma inclinação reduzida da cúspide, uma anatomia oclusal pouco profunda e sulcos e fossas largos podem ser benéficos para as próteses sobre implantes[36].

O diâmetro e a distribuição dos implantes e a harmonização com os dentes naturais são factores importantes a considerar ao decidir o tamanho de uma mesa oclusal. Normalmente, tem sido sugerida uma redução de 30-40% da mesa oclusal numa região molar, mas qualquer dimensão superior ao diâmetro do implante pode criar efeitos de cantilever e eventuais momentos de flexão em próteses de implante unitário. Uma mesa oclusal estreita reduz a hipótese de carga de compensação e aumenta a carga axial, o que eventualmente pode diminuir o momento flector[10]. Misch (1999a) descreveu que uma mesa oclusal estreita também melhora a higiene oral e reduz o risco de fratura da porcelana.

Descreveu ainda que a região posterior da maxila com reabsorção óssea vestibular pode obrigar à colocação palatina dos implantes, em comparação com a posição dos dentes naturais. O contorno oclusal normal no implante colocado palatalmente pode criar um cantilever vestibular significativo num ambiente biomecanicamente pobre (mordida pesada, osso pobre e rácio coroa/implante pobre). Neste caso, a utilização da oclusão em mordida cruzada pode evitar o cantilever vestibular e aumentar a carga axial[31].

A distribuição de forças entre os implantes e os dentes naturais numa região parcialmente edêntula pode ser realizada com ajustes oclusais em série e gradientes. Devido à mobilidade não significativa durante o movimento dentário inicial (3-5 mm), os implantes podem absorver toda a força de mordida pesada porque os dentes naturais podem ser intruídos (25-50 mm) facilmente com qualquer força oclusal. Misch (1993, 1999a) propôs que os ajustes oclusais poderiam ser efectuados através da eliminação da diferença de mobilidade entre os implantes e os dentes sob mordidas fortes. Esta abordagem pode distribuir uniformemente as cargas entre os implantes e os dentes. Ao longo dos anos, os dentes naturais têm alterações de posição na direção vertical e mesial, enquanto os implantes não alteram as suas posições. Além disso, o esmalte do dente desgasta-se mais do que a porcelana das restaurações de implantes. As alterações de posição dos dentes podem intensificar o stress oclusal sobre os implantes. De modo a evitar a potencial sobrecarga dos implantes devido às alterações posicionais, é imperativo efetuar uma reavaliação e ajustes oclusais periódicos[10,20].

REFERÊNCIAS

1. Misch CE. Etiologia da perda óssea crestal precoce e o seu efeito no planeamento do tratamento com implantes. Postgrad Dent. 1995;2(3):3-17.

2. Kim Y, Oh TJ, Misch CE, Wang HL. Considerações oclusais na terapia com implantes: directrizes clínicas com fundamentação biomecânica. Investigação clínica sobre implantes orais. 2005 Feb;16(1):26-35.

3. Chen YY, Kuan CL, Wang YB. Oclusão de implantes: considerações biomecânicas para próteses suportadas por implantes. J Dent Sci. 2008 Jun 1;3(2):65-74.

4. Misch CE, Bidez MW. Oclusão protegida por implante: uma fundamentação biomecânica. Compendium (Newtown, Pa.). 1994 Nov 1;15(11):1330-2.

5. Shantanu J, Mohit K, Mukund K, Ramandeep D, Occlusion and occlusal consideration in implantology, Indian J of Dental Advancements, 2(1), 2010, 125-130.

6. Nawar NH, Thabet YG. Avaliação clínica e radiográfica de diferentes esquemas oclusais no conceito "All on 4". Egyptian Dental Journal. 2018 Jul 1;64(3-julho (Dentisteria Fixa, Materiais Dentários, Dentisteria Conservadora e Endodontia)):2785-92.

7. Miyata T, Kobayashi Y, Araki H, Ohto T, Shin K. A influência da sobrecarga oclusal controlada nos tecidos peri-implantares. Parte 3: Um estudo histológico em macacos. International Journal of Oral & Maxillofacial Implants. 2000 May 1;15(3).

8. Isidor F. Perda de osseointegração causada pela carga oclusal de implantes orais. Um estudo clínico e radiográfico em macacos. Investigação clínica sobre implantes orais. 1996 Jun;7(2):143-52.

9. Sekine H. Características de mobilidade e sensibilidade tátil do sistema de suporte de fixação osseointegrado. Integração de tecidos na reconstrução oral e maxilofacial. 1986:326-32.

10. Rangert BO, Krogh PH, Langer B, Van Roekel N. Sobrecarga de flexão e

fratura de implantes: uma análise clínica retrospetiva. Revista internacional de implantes orais e maxilofaciais. 1995 May 1;10(3).

11. Gunne J, Jemt T, Lindén B. Tratamento com implantes em pacientes parcialmente desdentados: um relatório sobre as próteses após 3 anos. International Journal of Prosthodontics. 1994 Mar 1;7(2).

12. Bidez MW, Misch C. Transferência de força em implantologia dentária: conceitos e princípios básicos. O Jornal de implantologia oral. 1992 Jan 1;18(3):264-74.

13. Bidez MW, Misch CE. A biomecânica do espaçamento entre implantes provisórios. InProceedings of the fourth international congress of implants and biomaterials in stomatology, Charleston, SC 1990 May 24.

14. D'AMICO A. Dentes caninos - relação funcional normal dos dentes naturais do homem. J South Calf DA. 1958;26:239-41.

15. Weinberg LA, Kruger B. Uma comparação da carga do implante/prótese com quatro variáveis clínicas. Jornal Internacional de Prótese Dentária. 1995 Sep 1;8(5).

16. Kaukinen JA, Edge MJ, Lang BR. A influência do desenho oclusal nas forças mastigatórias simuladas transferidas para próteses implanto-suportadas e osso de suporte. The Journal of prosthetic dentistry. 1996 Jul 1;76(1):50- 5.

17. Misch CE et al, Dental implant prosthetics. Departamento de Direito das Ciências da Saúde da Elsevier, Filadélfia, EUA, 2005

18. Bidez MW, Misch C. Transferência de força em implantologia dentária: conceitos e princípios básicos. O Jornal de implantologia oral. 1992 Jan 1;18(3):264-74.

19. Binderman I.NIH- grant study on 2 dimentional FEA study of 54 implant body designs, 1973 (comunicação pessoal)

20. Misch CE. Three-dimensional finite element analysis of two plate form neck designs (Doctoral dissertation, Master's thesis, University od Pittsburgh).

21. Clelland NL, Lee JK, Bimbenet OC, Brantley WA. Uma análise tridimensional de tensão por elementos finitos de pilares angulados para um

implante colocado no maxilar anterior. Journal of prosthodontics. 1995 Jun;4(2):95-100.

22. Shackleton JL, Carr L, Slabbert JC, Becker PJ. Sobrevivência de próteses fixas suportadas por implantes relacionada com o comprimento do cantilever. The Journal of prosthetic dentistry. 1994 Jan 1;71(1):23-6.

23. LW L. Reabsorção óssea à volta de fixações em pacientes edêntulos tratados com próteses fixas mandibulares integradas em tecido. J Prosthet Dent. 1988;59:59-63.

24. Decock V, De Nayer K, De Boever JA. Estudo longitudinal de 18 anos de restaurações fixas em cantilever. International Journal of Prosthodontics. 1996 Jul 1;9(4).

25. Falk H, Laurell L, Lundgren D. Interferências oclusais e tensão da articulação cantilever em próteses suportadas por implantes que ocluem com dentaduras completas. Jornal Internacional de Implantes Orais e Maxilofaciais. 1990 Mar 1;5(1).

26. Wang S, Hobkirk JA. Distribuição de carga em implantes com uma superestrutura cantilevered: um estudo piloto in vitro. Implant Dentistry. 1996 Abr 1;5(1):36-47.

27. Thomas P. Syllabus sobre a técnica de enceramento de boca inteira para reabilitação. Conceito dente a dente, cúspide-fossa da oclusão orgânica. 1967.

28. Goodacre CJ, Khan JK, Rungeharassaeng K, Complicação clínica de implantes osteointegrados, J Prosthet Dent, 81, 1991, 537- 552

29. D'AMICO A. Dentes caninos - relação funcional normal dos dentes naturais do homem. J South Calf DA. 1958;26:239-41.

30. Weinberg LA. Uma comparação da carga do implante/prótese com quatro variáveis clínicas. Int J Prosthodont. 1995;8:421-33.

31. Weinberg LA. Redução da carga do implante com biomecânica terapêutica. Implantodontia. 1998 Jan 1;7(4):277-86.

32. Gibbs CH, Mahan PE, Lundeen HC, Brehnan K, Walsh EK, Sinkewiz SL, Ginsberg SB. Forças oclusais durante a mastigação - influências da força de

mordida e da consistência dos alimentos. J Prosthet Dent. 1981 Nov 1;46(5):561-7.
33. Quirynen M, Naert I, Van Steenberghe D. O design e a sobrecarga dos acessórios influenciam a perda óssea marginal e o sucesso futuro do sistema Brånemark®. Investigação clínica sobre implantes orais. 1992 Sep;3(3):104-11.
34. Hobkirk JA, Brouziotou-Davas E. A influência do esquema oclusal nas forças mastigatórias utilizando pontes estabilizadas por implantes. Jornal de reabilitação oral. 1996 Jun;23(6):386-91.
35. Wennerberg A, Carlsson GE, Jemt T. Influência dos factores oclusais no resultado do tratamento: um estudo de 109 pacientes consecutivos com próteses fixas implanto-suportadas mandibulares que se opõem a próteses completas maxilares. International Journal of Prosthodontics. 2001 Nov 1;14(6).
36. Kaukinen JA, Edge MJ, Lang BR. A influência do desenho oclusal nas forças mastigatórias simuladas transferidas para próteses implanto-suportadas e osso de suporte. The Journal of prosthetic dentistry. 1996 Jul 1;76(1):50- 5.

CAPÍTULO 5

SOBRECARGA OCLUSAL

De um modo geral, tanto os dentes naturais como os implantes dentários devem estar em oclusão fisiológica, que é descrita como "oclusão em harmonia com as funções do sistema mastigatório[1]". Se o esquema oclusal não for harmonioso nos dentes naturais, pode ocorrer um trauma oclusal. Isto pode resultar numa resposta adaptativa, como o espessamento da lâmina dura ou o desgaste oclusal, ou numa resposta traumática, incluindo mobilidade ou uma PDL alargada[2]. No contexto da oclusão do implante, o termo apropriado é sobrecarga oclusal. A sobrecarga oclusal é a aplicação de força a um implante, através de uma função normal ou de hábitos parafuncionais, que conduz a danos estruturais ou biológicos[3]. A sobrecarga oclusal está relacionada com danos na prótese, no pilar, na estrutura do implante ou no osso alveolar circundante. Embora exista um consenso sobre a definição geral de sobrecarga oclusal, as modificações da forma como o termo "sobrecarga oclusal" é utilizado na literatura variam muito. Alguns afirmaram que a utilização do termo sobrecarga para um implante dentário é apropriada apenas quando um implante está a falhar ou falhou[4]. Aplicando o modelo Mechanostat de Frost, a sobrecarga oclusal referir-se-ia ao nível de micro-deformação que corresponde a uma resposta catabólica do osso. Melsen e Lang[5] quantificaram este nível de microtração utilizando implantes dentários num modelo de cão. Para além de 6700 microstrain, ocorreu reabsorção óssea[5].

Desafios da investigação

O estudo da sobrecarga oclusal e a interpretação da literatura sobre o assunto é difícil por várias razões. As forças oclusais, como todas as forças, podem ser descritas nos seguintes 4 aspectos: magnitude, duração, distribuição e direcção[6].

Estudos como o de Frost levam em consideração apenas uma variável, a magnitude[7]. Adicionalmente, enquanto a carga oclusal pode ser medida ao nível da prótese ou do pilar, as medições mecânicas não podem ser obtidas a partir da interface osso-implante[7]. Considerações adicionais, como factores de confusão e risco de enviesamento, complicam o estudo da sobrecarga oclusal. Por último, por razões éticas óbvias, os ensaios clínicos que aplicam a sobrecarga oclusal não são éticos em humanos. Por esta razão, a sobrecarga oclusal em implantes continua a ser controversa[7,8,9]. Apesar disso, suspeita-se que a sobrecarga oclusal esteja associada a muitas complicações dos implantes, tanto biológicas como biomecânicas. De facto, a sobrecarga oclusal e a peri-implantite têm sido descritas como as 2 razões mais comuns para a falha tardia (pós-osseointegração) dos implantes[10,11].

Factores de sobrecarga da oclusão de implantes

- Na carga imediata de próteses sobre implantes, pode haver um efeito negativo a nível biológico, técnico e mecânico, como o afrouxamento dos parafusos ou a fratura da prótese, tal como referido por Yuan,2013[12,13].
- Devido às sobrecargas dos implantes, pode ocorrer perda de osseointegração e perda óssea marginal à volta dos implantes[12,13].
- Um cantilever de uma prótese de implante pode levar a uma sobrecarga.
- Hábitos parafuncionais.
- Posição e localização da arcada do implante.
- Baixa densidade óssea
- Inclinação acentuada do cúspide
- Posição de desvio horizontal
- Posição de desvio vertical

Complicações que podem estar relacionadas com a sobrecarga oclusal

Suspeita-se que a sobrecarga oclusal seja um dos factores que contribuem para a perda óssea marginal. Teoricamente, isto é possível. Como já foi referido, a distribuição do stress de um implante ocorre ao nível da crista óssea[14]. A diferença no módulo de elasticidade do osso em comparação com o do implante de titânio implica que as forças são dirigidas para a primeira área de contacto, na crista óssea[15]. As microfracturas nesta área podem, por sua vez, produzir perda óssea marginal. Na literatura disponível, foram descritos resultados variados, que vão desde uma possível associação, uma possível relação dependente de outros factores, até nenhuma associação provável[16,17].

Kozlovsky et al[18] verificaram que a sobrecarga oclusal dinâmica criou perda óssea marginal, no entanto, a extensão foi determinada pela presença de inflamação. Sem inflamação, a reabsorção óssea não ocorreu abaixo do colo do implante. A presença de inflamação induzida por placa levou a uma perda óssea significativamente maior, até ao nível das roscas dos implantes. Alguns teorizam que, se a sobrecarga oclusal estiver de facto associada à perda óssea marginal, os micromovimentos podem levar ao desenvolvimento de peri-implantite[19].

Uma controvérsia semelhante envolve uma possível associação entre a sobrecarga oclusal e a perda de osseointegração[20]. Os resultados mistos podem ser atribuídos à natureza complicada do estudo da sobrecarga oclusal, discutida anteriormente. As diferenças no desenho do estudo também desafiam a interpretação. A sobrecarga oclusal tem sido considerada como uma das principais causas de complicações biomecânicas[21], incluindo o afrouxamento de parafusos, a falha da prótese e a fratura de parafusos, do material de revestimento ou do implante[22]. Isto é significativo porque estas complicações podem ser dispendiosas, demoradas e algumas complicações, como a fratura da fixação do implante, podem levar à falha do implante.

1. Afrouxamento e fratura de parafusos

Os componentes dos implantes fracturaram mais frequentemente na região posterior do que na região anterior. Nas restaurações aparafusadas, a retenção é obtida através de um parafuso de fixação. Está principalmente indicada na prótese provisória, em pacientes com espaço interarcos inadequado (inferior a 5 mm) ou em casos de reabilitação com implantes de boca inteira. Depende de factores como

1. Força de aperto insuficiente
2. Assentamento de parafusos
3. Sobrecarga biomecânica
4. Forças cêntricas fora do eixo
5. Desajuste de componentes de implantes e próteses
6. Diferenças no material e na conceção dos parafusos
7. Altura do hexágono e diâmetro do implante

A perda óssea vertical peri-implantar e a sobrecarga biomecânica conduzem a forças de compressão e de tração na prótese que causam a fratura do parafuso. No entanto, a fratura do parafuso pode ser uma complicação grave que pode levar à falha da prótese23.

Estes componentes de fratura do parafuso podem ser removidos com métodos conservadores e invasivos. Os métodos conservadores incluem a utilização de uma escavadora de colher, uma ponta de escamador e uma prova, enquanto os invasivos incluem kits de remoção de parafusos. A abordagem conservadora deve ser considerada em primeiro lugar e depois a invasiva, uma vez que se trata de procedimentos não reversíveis.

2. Fratura da estrutura ou da coroa

A fratura da estrutura ou do componente protético resulta da sobrecarga biomecânica e do ajuste não passivo da prótese. A prótese deve estar livre de quaisquer pontos altos que actuem como uma casa de tensão. A prótese deve ter um ajuste passivo. O desajuste da prótese causa forças irregulares, levando à fratura da porcelana. O material de restauração metalo-cerâmico é mais recomendado para a região posterior e a zircónia para a região anterior[24].

3. Fratura de implantes

Existem duas causas principais de fratura de implantes: sobrecarga biomecânica e perda óssea vertical peri-implantar. O risco de fratura do implante aumenta várias vezes quando a perda óssea vertical é suficientemente grave para coincidir com o limite apical do parafuso[25,26]. As fracturas de implantes também podem ser atribuídas a falhas nos desenhos e no fabrico do próprio implante[35,36]. O afrouxamento do parafuso recorrente e despercebido é um fator de risco para a fratura de implantes dentários, o que indica uma alteração no desenho da prótese. Os implantes com um diâmetro mais pequeno, de 4 e 3,75 mm, tendem a fraturar mais facilmente do que os de maior diâmetro. Foi referido que um implante com um diâmetro de 5 mm é três vezes mais forte do que um com um diâmetro de 3,75 mm, enquanto um implante de 6 mm de diâmetro é 6 vezes mais forte do que um implante de 3,75 mm[27].

4. Falha do cimento

A falha do cimento é outra consequência da sobrecarga biomecânica, que afecta tipicamente a fixação da prótese e pode ser tratada através de um procedimento de cimentação. Com os avanços na ciência dos materiais, particularmente nos agentes de cimentação, a incidência de descimentação reduziu significativamente[28]. No entanto, deve ser seguido um planeamento cuidadoso do tratamento e critérios clínicos para evitar tais incidências.

Gestão das complicações através da orientação dos factores de sobrecarga oclusal:

- Kim 2005; Degidi 2009; afirmam que a sobrecarga oclusal pode ser significativamente reduzida aumentando a superfície de suporte ósseo e harmonizando a distribuição dos contactos oclusais[29].
- De acordo com Misch[30], o osso atinge a adaptabilidade à carga e também há disponibilidade de tempo para o desenvolvimento de osso portador de carga na interface osso-implante através de carga óssea progressiva.
- Esta carga progressiva do osso pode ser obtida aumentando a carga oclusal ao longo de um período de seis meses.
- Appleton[31] propôs que a quantidade de perda óssea da crista e a dentisidade óssea podem ser aumentadas através da carga progressiva dos implantes. Sugeriu que a monitorização cuidadosa do implante carregado e do tempo de cicatrização é prolongada em osso de má qualidade.
- No caso de hábitos parafuncionais, Yuan 2013 indicou fortemente o uso de splint oclusal nocturno[29].
- Nos hábitos parafuncionais, os contactos prematuros têm de ser eliminados porque, quando tais hábitos estão presentes, tanto a duração como a magnitude da força oclusal são ampliadas.
- Deve ser exercida uma força oclusal ao longo do eixo longo do implante.
- A tensão é definida como a magnitude da força dividida pela área da secção transversal em que a força é aplicada. Isto significa que, quando a força é aplicada, se a área for maior, é produzida menos tensão. Por este motivo, um implante mais largo produzirá menos tensão na crista. Além disso, nos casos em

que são utilizados implantes de diâmetro estreito, são indicados implantes adicionais32.

1. Fratura da fixação do implante

Existem três opções de gestão em caso de fratura de um implante[33,34]:

• Remoção completa do implante fracturado utilizando trefinas de explantação[33,34]. Após a remoção do implante fracturado, um novo implante de maior diâmetro pode ser instalado no mesmo leito cirúrgico ou noutro local para obter estabilidade primária. A sua remoção completa é considerada a melhor solução para o problema

• Remoção da porção coronal do implante fracturado com o objetivo de colocar um novo pilar protético[33,34]. É essencial confirmar radiologicamente a ausência de radiotransparência e determinar eletronicamente a mobilidade do fragmento. A colocação de um pilar protético só deve ser considerada se ainda existir retenção interna suficiente33.

• Remoção da porção coronal do implante fracturado, deixando a parte apical remanescente integrada no osso[33,34]. e o(s) dente(s) em falta pode(m) ser restaurado(s) utilizando procedimentos protéticos convencionais, como prótese parcial removível, prótese parcial fixa, etc.

Um estudo recente descreveu a "apicoectomia" como uma técnica adequada para remover implantes fracturados e inserir novos implantes na mesma sessão clínica. Esta técnica baseou-se na abertura de um orifício no osso para melhorar a visualização dos fragmentos apicais dos implantes fracturados e na remoção desses fragmentos através desse orifício. Posteriormente, um novo implante é colocado de forma convencional, e o orifício é fechado com o mesmo osso removido do paciente35.

Medidas preventivas

Foram sugeridas as seguintes medidas preventivas:

- Evitar a colocação de fixações de implantes de tipo híbrido
- Controlar cuidadosamente as forças oclusais: Eliminar todos os contactos posteriores nos movimentos excêntricos mandibulares
- Efetuar uma colocação escalonada dos implantes: Evitar uma configuração em linha reta
- Evitar ou minimizar os cantilevers posteriores e os desvios bucolinguais, particularmente em pacientes parcialmente edêntulos
- Durante o afrouxamento crónico dos parafusos de ouro ou do pilar ou a fratura de componentes, reavaliar criticamente a prótese, reapertar o pilar ou utilizar um parafuso de ouro e verificar o ajuste
- As pessoas com bruxismo pronunciado ou com cerceamento de dentes que tenham sofrido fracturas de implantes múltiplos devem ser tratadas através da colocação de implantes adicionais
- Assegurar o encaixe perfeito: Voltar a soldar e avaliar o ajuste passivo[36].

2. Parafuso do pilar fracturado

O tratamento envolve principalmente duas opções: Recuperar o parafuso fracturado ou remover o implante antigo e inserir um novo implante de uma só vez.

A recuperação do parafuso do pilar fracturado pode ser feita da seguinte forma:

- Pinça de artéria: Se a parte fracturada estiver acima da cabeça do implante, pode ser desaparafusada com a ajuda de uma pinça arterial
- Escalador ultrassónico: Se a parte fracturada não puder ser agarrada com

nenhum instrumento, então utilize vibrações ultra-sónicas para soltar as roscas. As oscilações de um raspador ultrassónico podem inverter gradualmente a saída do parafuso, colocando uma ponta fina de um raspador ultrassónico diretamente na parte superior do parafuso[37]

• Lubrificante: Lubrificar o parafuso danificado antes de o desapertar. Adicione algumas gotas de eugenol, lubrificante de peças de mão ou mesmo óleo mineral na área e, em seguida, tente remover o parafuso com uma sonda ou um raspador ultrassónico no sentido contrário ao dos ponteiros do relógio

• Contra-ângulo a baixa velocidade: A utilização de uma broca redonda de 1/4 num contra-ângulo a baixa velocidade, funcionando em modo inverso, pode ajudar a retirar o parafuso. A pequena broca redonda actua como uma chave de fendas e segura a cabeça do fragmento[37]

• Kit de reparação ou de salvamento: Utilizado quando o local da fratura do pilar é profundo. O kit é composto por brocas, guias de broca e instrumentos de rosqueamento. Alguns kits reparam o implante desaparafusando o fragmento fracturado, enquanto outros cortam as lascas

• Seja indígena: Se a extremidade fracturada não for demasiado profunda, prepare uma ranhura de 1 mm ao longo da parte mais oclusal do fragmento de parafuso partido com a ajuda de uma broca de diamante e uma peça de mão. Segure firmemente a peça de mão para evitar que a broca salte inadvertidamente para o corpo do implante. Utilize uma chave de fendas "mini" de tamanho adequado, disponível em lojas de ferragens locais, para remover o parafuso.

Gestão preventiva

•Na prática clínica, recomenda-se que, para reduzir o efeito de assentamento, os parafusos do implante sejam apertados novamente 10 minutos após a aplicação do binário inicial.

•Devem ser utilizados binários de aperto mecânicos em vez de chaves manuais para garantir um aperto consistente dos componentes do implante de acordo com os valores de binário recomendados.

•Foi sugerida a utilização de vedantes para preencher os espaços entre estes parafusos e as roscas dos implantes, bem como de adesivos para aumentar a resistência à fricção, a fim de reduzir o afrouxamento dos parafusos. A pasta adesiva Ceka Bond (Ceka Bond, Preat, San Mateo, CA) está indicada como pasta adesiva no folheto informativo.

•Um estudo sobre o afrouxamento de parafusos apoiou as seguintes recomendações clínicas:

(a) Assegurar que os implantes são colocados perpendicularmente ao plano oclusal;

(b) As estruturas devem ter um comprimento mínimo de consola;

(c) utilizar componentes com baixos níveis de tolerância ao desajuste dos componentes; e

(d) utilizar componentes com características anti-rotacionais para restaurações de um único dente38.

REFERÊNCIAS

1. Academia Americana de Periodontologia. Glossário de termos periodontais. Academia Americana de Periodontologia; 1992.

2. LJ, Cao CF. Diagnóstico clínico do trauma de oclusão e sua relação com a severidade da periodontite. Jornal de periodontologia clínica. 1992 Feb;19(2):92-7.

3. Laney WR. Glossário de implantes orais e maxilofaciais. A revista internacional de implantes orais e maxilofaciais. 2017 Jul 1;32(4):Gi-200.

4. El Askary AS, Meffert RM, Griffin T. Porque é que os implantes dentários falham? Parte I. Implantodontia. 1999 Jan 1;8(2):173-85.

5. Melsen B, Lang NP. Reacções biológicas do osso alveolar à carga ortodôntica de implantes orais. Investigação clínica sobre implantes orais. 2001 Abr;12(2):144-52.

6. Michalakis KX, Calvani P, Hirayama H. Considerações biomecânicas sobre próteses parciais fixas suportadas por implantes dentários. Jornal de biomecânica dentária. 2012;3.

7. Duyck J, Vandamme K. O efeito da carga no osso peri-implantar: uma revisão crítica da literatura. Resposta do osso aos materiais de implantes dentários. 2017 Jan 1:139-61.

8. Hublin C, Kaprio J, Partinen M, Koskenvuo M. Parasomnias: coocorrência e genética. Psychiatric genetics. 2001 Jun 1;11(2):65-70.

9. Millwood J, Fiske J. Mordedura labial em pacientes com neurodeficiência profunda. Dental update. 2001 Mar 2;28(2):105-8.

10. Lobbezoo F, Brouwers JE, Cune MS, Naeije M. Implantes dentários em pacientes com hábitos de bruxismo. Jornal de reabilitação oral. 2006 Feb;33(2):152-9.

11. Naert I, Duyck J, Vandamme K. Sobrecarga oclusal e perda de osso/implante. Investigação clínica sobre implantes orais. 2012 Oct;23:95-107.

12. Paliwal S, Saxena D, Mittal R, Chaudhary S. Princípios e considerações

oclusais para implantes: uma visão geral. Jornal da academia de educação dentária. 2014 Dec 31;1(2):17-21.

13. Andoh et al. Oclusão em implantologia: revisão sistemática. I JIRR, 2018 Nov; 11 (5).5818- 5822

14. Schulte W. Implantes e o periodonto. Revista internacional de medicina dentária. 1995 Feb 1;45(1):16-26.

15. Misch CE, Suzuki JB, Misch-Dietsh FM, Bidez MW. Uma correlação positiva entre trauma oclusal e perda óssea peri-implantar: suporte da literatura. Implantodontia. 2005 Jun 1;14(2):108-16.

16. Chang M, Chronopoulos V, Mattheos N. Impact of excessive occlusal load on successfully-osseointegrated dental implants: a literature review. Journal of investigative and clinical dentistry. 2013 Aug;4(3):142-50.

17. Chambrone L, Chambrone LA, Lima LA. Efeitos da sobrecarga oclusal na saúde dos tecidos peri-implantares: uma revisão sistemática de estudos em modelos animais. Journal of periodontology. 2010 Oct;81(10):1367-78.

18. Kozlovsky A, Tal H, Laufer BZ, Leshem R, Rohrer MD, Weinreb M, Artzi Z. Impacto da sobrecarga do implante no osso peri-implantar em mucosa peri-implantar inflamada e não inflamada. Investigação clínica sobre implantes orais. 2007 Oct;18(5):601-10.

19. Wennerberg A, Albrektsson T. Desafios actuais para uma reabilitação bem sucedida com implantes orais. Jornal de Reabilitação Oral. 2011 Abr;38(4):286-94.

20. Heitz-Mayfield LJ, Schmid B, Weigel C, Gerber S, Bosshardt DD, Jönsson J, Lang NP, Jönsson J. A carga oclusal excessiva afecta a osseointegração? Um estudo experimental num cão. Investigação clínica sobre implantes orais. 2004 Jun;15(3):259-68.

21. Fu JH, Hsu YT, Wang HL. Identificar a sobrecarga oclusal e como lidar com ela para evitar a perda óssea marginal à volta dos implantes. Revista Europeia de Implantologia Oral. 2012 Mar 2;5.

22. Lobbezoo F, Van Der Zaag J, Naeije M. Bruxismo: as suas múltiplas causas e os seus efeitos nos implantes dentários - uma revisão actualizada. Jornal de reabilitação oral. 2006 Abr;33(4):293-300.
23. Shadid R, Sadaqa N. Uma comparação entre próteses de implantes aparafusadas e cimentadas. Uma revisão da literatura. Jornal de Implantologia Oral. 2012 Jun 1;38(3):298-307.
24. Gammage DD, Bowman AE, Meffert RM. Gestão clínica de implantes dentários falhados: quatro relatos de casos. O Jornal de implantologia oral. 1989 Jan 1;15(2):124-31.
25. Piattelli A, Scarano A, Piattelli M, Vaia E, Matarasso S. Implantes ocos recuperados por fratura: uma análise de 4 casos ao microscópio eletrónico de luz e de varrimento. Jornal de periodontologia. 1998 Feb;69(2):185-9.
26. Rangert BO, Krogh PH, Langer B, Van Roekel N. Sobrecarga de flexão e fratura de implantes: uma análise clínica retrospetiva. Revista internacional de implantes orais e maxilofaciais. 1995 May 1;10(3).
27. Siddiqui AA, Caudill R. Actas do quarto Simpósio Internacional de Implantologia: Foco na estética: San Diego, Califórnia, 27 a 29 de janeiro de 1994. O Jornal de Dentisteria Protética. 1994 Dez 1;72(6):623-34.

28. Sadid-Zadeh R, Kutkut A, Kim H. Falha protética em implantologia dentária. Dental Clinics. 2015 Jan 1;59(1):195-214.
29. Paliwal S, Saxena D, Mittal R, Chaudhary S. Princípios e considerações oclusais para implantes: uma visão geral. Jornal da academia de educação dentária. 2014 Dec 31;1(2):17-21.

30. Misch CE. Implantes endósteos para substituição de dentes unitários posteriores: alternativas, indicações, contra-indicações e limitações. Journal of Oral Implantology. 1999 Abr 1;25(2):80-94.
31. Appleton RS, Nummikoski PV, Pigmo MA, Bell FA, Cronin RJ. Alterações ósseas peri-implantar em resposta à carga óssea progressiva. J Dent Res.

1997;76:412.

32. Graves CV, Harrel SK, Rossmann JA, Kerns D, Gonzalez JA, Kontogiorgos ED, Al-Hashimi I, Abraham C. O papel da oclusão no implante dentário e na condição peri-implantar: uma revisão. The open dentistry journal. 2016;10:594.

33. Balshi TJ. Análise e gestão de implantes fracturados: um relatório clínico. Jornal Internacional de Implantes Orais e Maxilofaciais. 1996 Sep 1;11(5):660-6.

34. Jemt T. Falhas e complicações em 391 próteses fixas inseridas consecutivamente suportadas por implantes Brånemark em maxilares edêntulos: Um estudo do tratamento desde o momento da colocação da prótese até ao primeiro controlo anual. International Journal of Oral & Maxillofacial Implants. 1991 Sep 1;6(3).

35. Gealh WC, Mazzo V, Barbi F, Camarini ET. Fratura de implantes osseointegrados: causas e tratamento. Jornal de Implantologia Oral. 2011 Aug 1;37(4):499-503.

36. Santos MD, Pfeifer AB, Silva MR, Sendyk CL, Sendyk WR. Fratura do parafuso do pilar que suporta uma prótese implanto-suportada cimentada com conexão hexagonal externa: relato de caso com avaliação semiológica. Journal of Applied Oral Science. 2007;15:148-51.

37. Pow EH, Leung KC. Complicações protéticas na terapia com implantes dentários. Hong Kong Dent J. 2008;5(2):79-83.

38. Cho SC, Small PN, Elian N, Tarnow D. Afrouxamento de parafusos para implantes de diâmetro padrão e largo em casos parcialmente edêntulos: Dados longitudinais de 3 a 7 anos. Implantologia. 2004 Sep 1;13(3):245-50.

CAPÍTULO 6

APLICAÇÕES CLÍNICAS

Oclusão em próteses fixas de arcada completa

Para próteses de implantes fixos de arcada completa, a oclusão equilibrada bilateral tem sido utilizada com sucesso para uma prótese completa oposta, enquanto a oclusão de função de grupo tem sido amplamente adoptada para a dentição natural oposta. A oclusão mutuamente protegida com uma orientação anterior pouco profunda também foi recomendada para a dentição natural oposta[1,2]. Devem ser obtidos contactos bilaterais e antero-posteriores simultâneos em relação cêntrica e MIP para distribuir uniformemente a força oclusal durante as excursões, independentemente do esquema oclusal[1,3]. Além disso, devem ser obtidos movimentos excursivos laterais suaves e uniformes, sem contactos oclusais funcionais/não funcionais no cantilever[4]. No que diz respeito aos contactos oclusais, uma ampla liberdade (1-1,5 mm) na relação cêntrica e na PImáx pode obter linhas de força verticais mais favoráveis, minimizando assim os contactos prematuros durante a função[5]. Além disso, os contactos de trabalho colocados anteriormente foram defendidos para evitar a sobrecarga posterior[2]. Quando um cantilever é utilizado numa prótese de implante fixa de arcada completa, foi sugerida a infra-oclusão (100 mm) numa unidade de cantilever para reduzir a fadiga e a falha técnica da prótese[6]. As próteses de implantes com menos de 15 mm de cantilever na mandíbula demonstraram taxas de sobrevivência significativamente melhores do que aquelas com cantilever superior a 15 mm[7]. Por outro lado, foi recomendado um cantilever inferior a 10-12 mm na maxila devido à qualidade óssea desfavorável e à direção de força desfavorável em comparação com a mandíbula[8].

Oclusão em sobredentaduras

Para a oclusão em sobredentaduras, foi sugerida a utilização de oclusão bilateral equilibrada com oclusão lingualizada num rebordo normal. Por outro lado, a oclusão monoplana foi recomendada para um rebordo severamente reabsorvido[9]. Apesar de ser consensual que a oclusão balanceada bilateral pode proporcionar uma melhor estabilidade das overdentures[10], não existem estudos clínicos que demonstrem as vantagens da oclusão balanceada bilateral para a oclusão de overdentures em comparação com outros esquemas oclusais. Recentemente, Peroz et al. (2003) realizaram um ensaio clínico randomizado, comparando dois esquemas oclusais, oclusão balanceada e orientação do canino, em 22 pacientes com próteses totais convencionais. Os resultados da avaliação utilizando uma escala visual analógica revelaram que a orientação do canino era comparável à oclusão balanceada na retenção da prótese, aparência estética e capacidade de mastigação[11].

Oclusão em próteses fixas posteriores

A orientação anterior em excursões e o contacto oclusal inicial na dentição natural reduzirão a força lateral potencial sobre os implantes osseointegrados. A oclusão em função de grupo deve ser utilizada apenas quando os dentes anteriores estão periodontalmente comprometidos[1,2]. Durante as excursões laterais, as interferências de trabalho e não trabalho devem ser evitadas nas restaurações posteriores[4]. Além disso, a inclinação reduzida das cúspides, contactos orientados centralmente com uma área plana de 1,5 mm, uma mesa oclusal estreita e a eliminação de cantilevers têm sido propostos como factores-chave para controlar a sobrecarga de flexão em restaurações posteriores[12]. Num estudo in vivo recente, foi relatado que o estreitamento da largura vestíbulo-lingual da superfície oclusal em 30% e a mastigação de alimentos macios reduziram significativamente os momentos de flexão na prótese fixa posterior de três unidades[13]. O estudo também sugeriu que a dieta suave e a redução da superfície oclusal vestibulolingual devem ser consideradas em condições de carga desfavoráveis, tais como carga imediata, fase inicial de cicatrização e/ou má qualidade óssea. Além disso, o posicionamento axial e a distância reduzida entre os implantes posteriores são factores importantes para diminuir a sobrecarga[14]. A utilização da oclusão em mordida cruzada com implantes maxilares posteriores colocados palatalmente pode reduzir o cantilever vestibular e melhorar a carga axial. Se o número, a posição e o eixo dos implantes forem questionáveis, pode considerar-se a ligação de dentes naturais com uma fixação rígida para fornecer suporte adicional aos implantes.

Oclusão numa prótese de implante único

A oclusão num implante unitário deve ser desenhada de forma a minimizar a força oclusal sobre o implante e a maximizar a distribuição de força para os dentes naturais adjacentes[6,10]. Para atingir estes objectivos, qualquer orientação anterior e lateral deve ser obtida na dentição natural. Além disso, os contactos de trabalho e não trabalho devem ser evitados numa única restauração[10]. Contactos ligeiros em mordida forte e nenhum contacto em mordida ligeira em MIP são considerados uma abordagem razoável para distribuir a força oclusal nos dentes e implantes[6]. Tal como nas próteses fixas posteriores, a inclinação reduzida das cúspides, os contactos orientados centralmente com uma área plana de 1-1,5 mm e uma mesa oclusal estreita podem ser utilizados para a restauração posterior de um único dente[12]. Wennerberg & Jemt (1999) afirmaram que os contactos oclusais orientados centralmente em implantes de molares unitários eram críticos para reduzir os momentos de flexão atribuíveis a problemas mecânicos e fracturas de implantes[14]. O aumento dos contactos proximais na região posterior pode proporcionar uma estabilidade adicional das restaurações[15]. Foram utilizados dois implantes para um único molar e demonstrou-se um menor afrouxamento do parafuso e taxas de sucesso mais elevadas16. No entanto, a colocação de dois implantes num espaço limitado é um procedimento desafiante, e podem surgir dificuldades na higiene oral e no fabrico da prótese. Em vez de dois implantes numa área de um único molar, um implante de diâmetro largo com posição e eixo adequados numa área de um molar poderia ser uma melhor opção para reduzir as dificuldades cirúrgicas e protéticas e para melhorar a higiene oral e a condição de carga17.

Múltiplos factores a considerar no cenário clínico suportado por implantes18

Cenário clínico	Factores a ter em conta
Implante único	A inclinação da cúspide deve ser reduzida
	A orientação anterior e o movimento lateral devem ser excluídos A inclinação axial posterior em ângulo reto com o plano oclusal continua a ser o paradigma ideal. Cantilever mínimo O contacto proximal deve ser aumentado, o que ajudará a melhorar a estabilidade da restauração. (Misch 1999) O contacto posicionado centralmente irá reduzir as forças de flexão sobre o implante.
Prótese fixa de arco completo	A extensão do cantilever deve ser infra-ocluída (100 μm) Comprimento máximo do cantilever 15 mm na mandíbula e 10-12 mm na maxila Evitar a orientação do canino se este for um dos pilares. 6-8 Implantes no maxilar 4-8 implantes na mandíbula
Sobredentadura removível suportada por implantes	As alturas das fixações devem ser mínimas para reduzir quaisquer forças horizontais. (Gross 2008) Os problemas mastigatórios estão associados aos ímanes 2-4 Implantes
	Alcançar 3 pontos equilibrados na lateral e movimento saliente

REFERÊNCIAS

1. Chapman RJ. Princípios de oclusão para próteses sobre implantes: orientações para a posição, tempo e força dos contactos oclusais. Quintessence Int. 1989 Jul 1;20(7):473-80.

2. Hobo S, Ichida E, Garcia LT. Oclusão ideal. Osseointegração e reabilitação oclusal. 1989;4:257-452.

3. Quirynen M, Naert I, Van Steenberghe D. O design e a sobrecarga dos acessórios influenciam a perda óssea marginal e o sucesso futuro do sistema Brånemark®. Investigação clínica sobre implantes orais. 1992 Sep;3(3):104-11.

4. Lundgren D, Laurell L. Aspectos biomecânicos de pontes fixas suportadas por dentes naturais e implantes endósseos. Periodontologia 2000. 1994 Feb;4(1):23-40.

5. Beyron, H.L. Oclusão óptima. Dental Clinics of North America 37: 1969; 537-554.

6. Lundgren D, Falk H, Laurell L. The Influence of Number and Distribution of Occlusal Cantilever Contacts on Closing and Chewing Forces in Dentitions with Implants-Supported Fixed Prostheses Occluding with Complete Dentures. International Journal of Oral & Maxillofacial Implants. 1989 Dec 1;4(4).

7. Shackleton JL, Carr L, Slabbert JC, Becker PJ. Sobrevivência de próteses fixas suportadas por implantes relacionada com o comprimento do cantilever. The Journal of prosthetic dentistry. 1994 Jan 1;71(1):23-6.

8. Rangert BO, Jemt T. Forças e momentos em implantes Brånemark. Jornal Internacional de Implantes Orais e Maxilofaciais. 1989 Sep 1;4(3).

9. D. Mericske-Stern R, Taylor TD, Belser U. Gestão do paciente edêntulo. Investigação clínica sobre implantes orais: Capítulo 7. 2000 Sep;11:108-25.

10. Engelman MJ, Craig JA. Tomada de decisões clínicas e planeamento do tratamento na osteointegração.

11. Peroz I, Leuenberg A, Haustein I, Lange KP. Comparação entre oclusão equilibrada e orientação do canino em utilizadores de próteses completas - um

ensaio clínico aleatório. Quintessence International. 2003 Sep 1;34(8).

12. Curtis DA, Sharma A, Finzen FC, Kao RT. Considerações oclusais para restaurações com implantes em pacientes parcialmente edêntulos. Jornal da Associação Dentária da Califórnia. 2000 Oct 1;28(10):771-8.

13. Morneburg TR, Pröschel PA. Forças in vivo em implantes influenciadas pelo esquema oclusal e consistência dos alimentos. International Journal of Prosthodontics. 2003 Sep 1;16(5).

14. Wennerberg A, Carlsson GE, Jemt T. Influência dos factores oclusais no resultado do tratamento: um estudo de 109 pacientes consecutivos com próteses fixas implanto-suportadas mandibulares que se opõem a próteses completas maxilares. International Journal of Prosthodontics. 2001 Nov 1;14(6).

15. Misch CE. Implantes endósteos para substituição de dentes unitários posteriores: alternativas, indicações, contra-indicações e limitações. Journal of Oral Implantology. 1999 Abr 1;25(2):80-94.

16. Balshi TJ, Hernandez RE, Pryszlak MC, Rangert BO. Um estudo comparativo entre um implante e dois que substituem um único molar. International Journal of Oral & Maxillofacial Implants. 1996 maio 1;11(3).

17. Becker W, Becker BE. Substituição de molares maxilares e mandibulares com restaurações de implantes endósseos unitários: um estudo retrospetivo. The Journal of prosthetic dentistry. 1995 Jul 1;74(1):51-5.

18. Gross MD. Oclusão em implantologia dentária. Uma revisão da literatura sobre determinantes protéticos e conceitos actuais. Jornal dentário australiano. 2008 Jun;53:S60-8.

CONCLUSÃO

A relação entre a maxila e a mandíbula é da maior importância quando se escolhe um conceito de oclusão adequado para uma terapia que envolva implantes dentários. A condição do maxilar oposto influencia o conceito escolhido. Os objectivos da oclusão dos implantes são minimizar a sobrecarga na interface osso-implante e na prótese sobre implantes, manter a carga do implante dentro dos limites fisiológicos da oclusão individualizada e, finalmente, proporcionar estabilidade a longo prazo dos implantes e das próteses sobre implantes. Para atingir estes objectivos, o aumento da área de suporte, a melhoria da direção da força e a redução da ampliação da força são factores indispensáveis na oclusão do implante. Uma má seleção do esquema oclusal pode levar a complicações biológicas e mecânicas. As várias consequências que podem ser encontradas são a falha do implante, a perda óssea precoce da crista, o afrouxamento do parafuso, restaurações não cimentadas, falha do componente, fratura da porcelana, fratura da prótese e doença peri-implantar. Um esquema de IPO aborda várias condições para minimizar a sobrecarga nas interfaces osso/implante e nas próteses sobre implantes, restringindo assim as cargas dos implantes dentro dos limites fisiológicos. As directrizes têm de ser implementadas em condições específicas para diminuir as tensões e desenvolver um esquema oclusal para permitir que a restauração funcione em harmonia com o resto do sistema estomatognático e para maximizar a longevidade dos implantes e da prótese.

Printed by Books on Demand GmbH, Norderstedt / Germany